Nützliche Käfer

Kleiner Puppenräuber
Calosoma inquisitor
Der Käfer und seine Larven sind als Vertilger der Raupen des sehr schädlichen Frostspanners bekannt, denen sie auch auf Bäume folgen.

Goldschmied
Carabus auratus
Dieser Großlaufkäfer lebt auf lehmigen Äckern und Feldern und stellt besonders dem Kartoffelkäfer und dessen Larven nach.

Ameisenbuntkäfer
Thanasimus formicarius
Er jagt unter der Rinde von Nadelbäumen Borkenkäfer und deren Larven und folgt diesen in ihre Bohrgänge.

Siebenpunkt-Marienkäfer
Coccinella septempunctata
Unser häufigster Marienkäfer ist wie seine Larven auch ein eifriger Blattlausvertilger.

Welcher Käfer ist das?

Baehr

Über 150 Käfer Mitteleuropas

KOSMOS

Welcher Käfer ist das?

Geschützte Käfer, nützliche Käfer, Hausgäste und Schädlinge auf den Klappeninnenseiten. Schematische Zeichnung eines Käfers auf der vorderen Klappenaußenseite.
Käfer und ihre Larven auf der hinteren Klappenaußenseite.

Typisch Käfer

Der Hirschkäfer ist der größte heimische Käfer.

Käfer bilden mit etwa einer halben Million beschriebener Arten die zahlenmäßig größte Tiergruppe auf der Erde. Dennoch sind sie nur eine von etwa 35 Insektenordnungen, die wiederum nur eine Klasse der Gliederfüßer (Arthropoden) darstellen. Und diese bilden lediglich einen, allerdings den bei weitem artenreichsten der gut 30 bekannten Stämme des Tierreichs. Allein schon aufgrund der riesigen Artenzahl sind Käfer bedeutsam. Sie sind es aber auch wegen ihrer ungeheuren Formenfülle und ihrer sprichwörtlichen Allgegenwart. Käfer besiedeln fast alle Lebensräume der Erde, jedenfalls soweit es das Land und das Süßwasser betrifft. Sie kommen vom tropischen Regenwald bis in die Antarktis und in eisige Höhen der höchsten Gebirge vor, und sie fehlen weder in den trockensten Wüsten noch in tiefen Höhlen. Der Grund für den ungeheuren Artenreichtum und die weite Verbreitung ist wohl die Fähigkeit der Käfer, sich von allen nur erdenklichen organischen Stoffen zu ernähren, seien es pflanzliche oder tierische, lebende oder tote.

Die Formenvielfalt der Käfer ist so unübersehbar, dass man heute über 180 Familien unterscheidet. Es gibt sie in allen möglichen Farben und in den unterschiedlichsten Gestalten. Wir kennen Arten von kaum 0,4 mm Größe und Riesen von fast 20 cm

Länge. Viele können fliegen, andere graben im Boden, manche leuchten. Einige Arten sind ungeheuer individuenreich, von anderen kennt man, da sie im Verborgenen oder in sehr abgelegenen Gegenden leben, bisher nur ein einziges Tier. Und wir wissen, dass zurzeit nur ein vermutlich recht kleiner Teil der tatsächlich existierenden Arten bekannt und beschrieben ist.

Die heimischen Käfer

Auch in Mitteleuropa gehören die Käfer mit etwa 9000 Arten zu den artenreichsten Tiergruppen. Ihre Vielgestaltigkeit ist bei uns ebenfalls enorm, jedoch nicht entfernt so unüberschaubar wie in den Tropen. Diese hohe Artenzahl sollte Sie aber nicht davon abschrecken, sich mit dieser so interessanten Tiergruppe zu beschäftigen. Natürlich muss man für ein solches Buch eine Auswahl treffen; diese wird aber dadurch erleichtert, dass mehrere heimische Familien zahlreiche dermaßen kleine oder im Verborgenen lebende Arten enthalten, dass nur der Käferspezialist sie überhaupt entdecken kann.

Die breiten Füße des „Tatzenkäfers"

Dennoch habe ich versucht, neben gut bekannten, großen oder besonders schönen Arten auch Arten aus solchen Käferfamilien zu zeigen, deren Beobachtung vielleicht schwieriger ist, die aber eine besondere Bedeutung haben. Dies kann eine ungewöhnliche Lebensweise sein, ihre wirtschaftliche Bedeutung als Nützling oder Schädling oder ihr Vorkommen in Haus und Garten.

Dieses Buch kann also kein Bestimmungsbuch sein, denn angesichts der Artenfülle ist das Bestimmen von Käfern in vielen Gruppen schwierig und nur dem Spezialisten möglich. Ich möchte Ihnen aber die Vielgestaltigkeit und die Schönheit dieser Tiere nahebringen, Ihr Interesse an dieser Tiergruppe wecken und Ihnen eine kleine Einführung in die Käferkunde geben, die Ihnen die Möglichkeit bietet, tiefer in die Materie einzudringen und weitere Entdeckungen zu machen. Wenn damit zugleich das Interesse an der uns umgebenden Natur geweckt oder das Verständnis für ihren Schutz vertieft wird, dann hat das Buch seinen wichtigsten Zweck erfüllt.

Esskastanienbohrer mit enorm langem Rüssel

Als Angehörige der Insekten besitzen Käfer einen dreigeteilten Körper, der sich aus Kopf, Brust (Thorax) und Hinterleib (Abdomen) zusammensetzt. Der Kopf enthält die Mundwerkzeuge, das Gehirn und die Sinnesorgane, vor allem Augen und Fühler. Die Brust besteht aus drei Teilen, nämlich Vorder-, Mittel- und Hinterbrust. Die Vorderbrust ist oben vom Halsschild überdeckt, während die Mittelbrust die meistens sehr festen Deckflügel (Elytren), das wichtigste Erkennungsmerkmal der Käfer, trägt. An der Hinterbrust setzen die Hinterflügel an, die bei den Käfern das einzige Flugorgan darstellen und in Ruhestellung unter die Deckflügel gefaltet sind. Der Hinterleib besteht aus elf Teilen (Segmenten), von denen einige von außen nicht sichtbar sind. Er enthält die Eingeweide sowie die Geschlechtsorgane. Käfer besitzen wie alle Insekten drei Beinpaare, die an den drei Brustabschnitten sitzen.

Der Kopf

Auffälligstes Organ am Kopf sind die Fühler (Antennen). Sie können sehr verschiedenartig gestaltet sein, nämlich fadenförmig, borstenförmig, keulenförmig oder in vielfältiger Weise gekämmt oder geblättert. Unter dem Mikroskop erkennt man, wie dicht die Fühler mit Sinnesorganen, den sogenannten Geruchsrezeptoren, besetzt sind. Daher stellen die Fühler für sehr viele Käfer das wichtigste Sinnesorgan dar, mit dem sie auch kleinste Duftpartikel, zuweilen über sehr große

Fühler des männlichen Feldmaikäfers

Entfernungen, wahrnehmen können. Die Fühler sind für die Orientierung, etwa nachts, das Finden der Nahrung, aber auch für die Partnersuche wichtig. Daher können sie bei Männchen und Weibchen unterschiedlich gestaltet sein. Ohne ihre Fühler, das haben Versuche ergeben, sind viele Käfer völlig orientierungslos und erkennen nicht einmal ihre Nahrung, selbst wenn sie sich direkt vor ihrem Mund befindet. Da die Fühler so unterschiedlich geformt sein können, sind sie auch für die Bestimmung der Käferfamilien ein wichtiges Kriterium.

Käferaugen sind Komplex- oder Facettenaugen, d.h., sie bestehen aus mehr oder weniger zahlreichen Einzelaugen, die gemeinsam ein Bild zusammensetzen. Dieses ist bei Käfern im Vergleich zu den Wirbeltieren sehr unscharf, weshalb ihre Fähigkeit zum Formensehen meist wenig entwickelt ist. Doch können Tiere mit großen Komplexaugen Bewegungen besonders gut wahrnehmen. Die Augen sind je nach Lebensweise sehr unterschiedlich groß und sehtüchtig. Manche räuberischen Arten erkennen ihre Beute durchaus mithilfe ihrer Augen, wenigstens auf kurze Entfernung. Bei Nachttieren und manchen grabenden Arten sind die Augen meist kleiner, bei Höhlentieren sogar oft ganz reduziert. Diese finden sich daher mithilfe von extrem verlängerten Tastborsten zurecht, die auch kleinste Erschütterungen oder Luftbewegungen wahrnehmen können. Viele Käfer orientieren sich optisch

Kiefer eines Feld-Sandlaufkäfers

Ein Gebänderter Warzenkäfer im Flug

nicht nur dadurch, dass sie wie Maikäfer dunkle Silhouetten anfliegen, wenn sie Waldränder aufsuchen wollen, sondern sie sind auch in der Lage, polarisiertes Licht wahrzunehmen und sich danach zu richten.

Die Mundwerkzeuge der Käfer sind fast immer vom beißend-kauenden Typ und bestehen aus den Kiefern (Mandibeln) sowie einer Reihe von Hilfsorganen (Oberlippe, Unterlippe, Kiefertaster und Lippentaster), die bei den verschiedenen Arten eine unterschiedliche Rolle bei der Nahrungsaufnahme spielen. Meist sind diese Hilfsorgane reichlich mit Geschmackssinnesorganen bestückt. Die Nahrung wird üblicherweise mit den Kiefern ergriffen und zerkaut. Bei den Männchen einiger Arten sind die Kiefer allerdings vergrößert oder sogar völlig umgestaltet und dienen dann anderen Zwecken. Hirschkäfer z. B. benutzen sie für Partnerkämpfe.

Bei manchen räuberischen Larven, dem Jugendstadium der Käfer, sind die Kiefer zu röhrenförmigen Saugzangen umgestaltet. Damit ergreifen sie ihre Beute, töten sie durch giftigen Speichel und saugen sie aus. Andere Larven, aber auch einige Käfer, speien ihren Speichel über die Nahrung und verdauen sie außerhalb des Munds; danach saugen sie den Saft ein.

Die physikalische Kieme eines Wasserkäfers

Die Brust

Die drei Brustabschnitte haben bei den Käfern ganz verschiedene Funktionen. Der große Halsschild der Vorderbrust bildet mit der Kopfkapsel und den Flügeldecken den festen Panzer, der sie vor Feinden und vor Verletzungen schützt, etwa beim Graben. Darüber hinaus setzt er die Verdunstung herab, was für Tiere in Trockengebieten lebensnotwendig ist.

An der Mittelbrust sitzen die festen Deckflügel. Sie bedecken bei den meisten Käfern auch den gesamten Hinterleib und schützen die weichhäutigen Hinterflügel. Diese setzen an der Hinterbrust an und sind in Ruhe unter die Flügeldecken eingefaltet. Im Gegensatz zu den meisten anderen Insekten fliegen Käfer daher nur mit den Hinterflügeln. Normalerweise spreizen sie die Deckflügel beim Flug ab, aber auch hier gibt es wie zu jeder Regel eine Ausnahme. So können die sehr schnell und elegant fliegenden Rosenkäfer ihre Hinterflügel durch Spalten unter den Deckflügeln ausstrecken und müssen diese nicht öffnen. Dadurch sind sie in der Lage, wesentlich besser zu manövrieren.

Jedes Brustsegment trägt ein Beinpaar. Die Beine sind röhrenförmig und bestehen aus fünf Teilen, die gegeneinander beweg-

Oben: Ein Leuchtkäferweibchen bei Nacht

Unten: Der harmlose Hornissenbock ahmt eine Hornisse nach.

lich sind. Das äußerste Glied jedes Beins, der Fuß (Tarsus), ist wiederum gegliedert, meist in drei bis fünf Glieder, und trägt am Ende meist zwei gebogene Krallen. Bei vielen auf Pflanzen lebenden Arten sind die Fußglieder verbreitert und weisen an der Unterseite ein Haftpolster auf, das ihnen auf glatten Blättern einen festen Halt verleiht. Häufig sind die Beine mit Dornen, Borsten oder Haaren besetzt, die unterschiedliche Funktionen haben können. Neben langen, dünnen Laufbeinen findet man stark umgestaltete, verbreiterte oder mit kräftigen Dornen besetzte Grabbeine, abgeplattete und häufig durch einen Haarsaum noch verbreiterte Schwimmbeine sowie Sprungbeine, deren Schenkel wegen der mächtig entwickelten Muskulatur stark verdickt sind. Anders als bei den Wirbeltieren verlaufen die Beinmuskeln innerhalb der Beine.

Der Hinterleib

Der Hinterleib besteht bei Käfern aus Hinterleibsringen (Segmenten), die auf der Oberseite weichhäutig, auf der Unterseite jedoch fest und hart sind. Auf der Oberseite, also unter den Deckflügeln, liegen die Atemorgane (Stigmen). Die Atmung erfolgt durch ein Netz von Röhren (Tracheen), die den Sauerstoff direkt an die inneren Organe transportieren. Bei einigen im Wasser lebenden Arten hat sich eine sogenannte physikalische Kieme (Plastron) entwickelt. Sie besteht aus einem dichten Haarfilz an der Bauchseite, in dem sich eine Luftblase befindet. In diese strömt Sauerstoff direkt aus dem Wasser durch Diffusion, also den Austausch von Gasen, ein.

Das Innere des Hinterleibs enthält Magen, Darm inklusive Anhangsdrüsen sowie die Geschlechtsorgane, die meistens ins Innere gestülpt sind und nur bei der Paarung und während der Eiablage ausgefahren werden. Die Geschlechtsorgane sind bei den meisten Arten mehr oder weniger stark durch Chitin verstärkt und werden bei vielen Käferfamilien zur Bestimmung benutzt, da sie oft eine ganz charakteristische Form aufweisen.

Der Chitinpanzer

Die meisten Käfer besitzen einen rundherum sehr festen Außenpanzer aus einer dicken Chitinschicht. Chitin ist ein äußerst festes, sehr strapazierfähiges, aber biegsames Material, das höchst unempfindlich gegen Chemikalien ist. In diese Schicht sind Farbstoffe (Pigmente) eingelagert, die vielen Käfern ihre charakteristische bunte Färbung verleihen. Eine zweite Möglichkeit der Färbung sind Schiller- oder Strukturfarben. Diese basieren auf der Struktur des Chitins und führen durch Lichtbrechung zum schillernden Rotgold oder Grün etwa der Prachtkäfer. Die Färbung ist nicht nur ein wichtiges Bestimmungsmerkmal, sondern gibt auch Aufschluss über die Lebensweise. Denn nachtaktive oder grabende Arten sind meist dunkel gefärbt, tagaktive oft lebhaft. Bei Höhlentieren können die auffälligen Farben ganz verschwinden, sie sind dann hellgelb. Auch einige Wüstentiere sind sehr hell, manchmal ganz weiß gefärbt. Dies dient als Schutz vor der enormen Sonneneinstrahlung in der Wüste, da helle Farben weniger Wärme als dunkle aufnehmen.

Die Bedeutung der Färbung

Bei manchen Arten sind die Männchen anders gefärbt als die Weibchen, jedoch durchaus nicht immer prächtiger. Dennoch ist eine einfachere und weniger auffällige Färbung in der Regel für die Weibchen vorteilhaft, da sie den Hauptteil der Fortpflanzung übernehmen und daher besser gegen Fressfeinde geschützt sein sollten.

Farben spielen bei den Käfern sehr unterschiedliche Rollen. Viele Arten sind einfarbig grün, braun oder schwarz gefärbt oder in vielfältiger Weise gesprenkelt. Solche Färbungen können durchaus als Schutz vor Fressfeinden angesehen werden, da sie den Käfer farblich an seine Umgebung anpassen. Viele tagaktive Käfer sind dagegen lebhaft oder metallisch gefärbt. Eine auffallende rot-schwarze Färbung kann Ungenießbarkeit signalisieren und somit Fressfeinde abschrecken. Eine metallische Färbung dagegen kann der Tarnung dienen, da sich Metallfarben, etwa beim fliegenden Käfer, je nach Lichteinfall ändern und so den Verfolger irritieren. Schließlich gibt es noch Färbungen, die wehrhafte oder gefährliche Insekten, etwa Wespen, nachahmen, sodass Fressfeinde getäuscht und zugleich abgeschreckt werden. Diese Methode bezeichnet man als Mimikry.

Die Körperoberfläche kann in verschiedener Weise strukturiert sein, etwa durch Leisten, Höcker, Haare

Ein Pillendreherpärchen beim Rollen einer Dungkugel

oder Borsten, Punktierung oder Streifen. Manche dieser Strukturen dienen der mechanischen Verstärkung des Panzers, andere bewirken die Auflösung des Körperumrisses und dienen damit der Tarnung und dem Schutz vor Fressfeinden.

Fortpflanzung und Entwicklung

Käfer gehören zu den Insekten mit vollständiger Verwandlung. D.h., bei ihnen schlüpft aus einem Ei eine Larve, die sich nach einer Reihe von Häutungen in eine Puppe verwandelt. Während einer längeren Puppenruhe entwickelt sich das Tier innerhalb der Puppenhaut zum fertigen Käfer. Bei den Käfern gleichen die Larven den Erwachsenen daher überhaupt nicht und weisen auch meist eine ganz abweichende Lebensweise auf. Nur ganz wenige exotische Käfer gebären lebendige Larven.

Fast alle Käfer sind zweigeschlechtlich und pflanzen sich durch Paarung fort. Dabei werden die mehr oder weniger mit Chitin verstärkten und häufig recht kompliziert gebauten Geschlechtsorgane ausgestülpt. Zur Paarung suchen die meisten Arten geschützte Stellen oder Verstecke auf.

Die Eiablage erfolgt an bzw. in Pflanzen, am oder im Boden sowie unter der Rinde oder im Holz von Bäumen. Oder die Tiere tragen ihre Eier mit sich herum oder betreiben eine mehr oder weniger komplizierte Brutfürsorge. Manche Arten suchen Dung oder Aas, das sie zu Kugeln zusammenrollen und als Nahrung für die Larven vergraben. Andere rollen zum Schutz der Larven Blätter zu Röhren ein, bauen aus Blättern ein Schiffchen oder tarnen die Eier und Larven mit Kot. Manche Arten füttern ihre Larven sogar,

Blattwickel des Birkenblattrollers

doch die meisten Käfer kümmern sich nach der Eiablage nicht mehr um ihren Nachwuchs.

Die Larven sind sehr verschiedenartig gestaltet. Bei den recht ursprünglichen Laufkäfern und Kurzflüglern besitzt die Larve gut entwickelte Beine und läuft am Boden herum. Es gibt aber auch ganz beinlose, madenartige Larven, vor allem bei solchen Arten, die sich in Pflanzen, Holz, Mulm oder im Boden entwickeln. Wegen ihrer unterschiedlichen Gestalt unterscheidet sich die Larvennahrung bei vielen Arten sehr von derjenigen der Käfer.

Die Larvenentwicklung dauert unterschiedlich lange. Im Allgemeinen häutet sich die Larve mehrfach, einfach, damit sie wachsen kann. Denn die Larve ist das Fress- und Wachsstadium des Käfers, der nach dem Schlüpfen nicht mehr wächst und sich daher auch nicht mehr häuten muss. Bei manchen Käfern dauert die gesamte Entwicklung nur wenige Wochen. Diese Arten können sich in einem Jahr durchaus mehrfach fortpflanzen. Bei anderen dauert die Entwicklung mehrere Jahre, manchmal sogar viele Jahre, und die Larve, später die Puppe muss mehrfach überwintern.

Die Verpuppung erfolgt meistens geschützt in einer Puppenwiege im Boden, unter Laubstreu, unter Rinde oder im Holz, da der Käfer während der Verpuppung völlig wehrlos ist. Während dieser Zeit wird die Larve fast vollständig aufgelöst, und aus ihren Bestandteilen entsteht der neue Käfer. Nach dem Schlüpfen ist dieser noch weichhäutig und nicht ausgefärbt und muss erst aushärten, bevor er sich gefahrlos herauswagen kann.

Galle des Ehrenpreis-Blütenrüsslers

Eierschiffchen des Kleinen Kolbenwasserkäfers

Goldschmied mit seiner Beute

Sowohl die Lebensweise der erwachsenen Käfer wie die der Larven ist enorm vielfältig. Es gibt aktiv herumlaufende Arten neben gut getarnten, lauernden Jägern. Manche ernähren sich von Aas oder Kot, sehr viele von verschiedenen Pflanzen, aber auch von unterschiedlichen Pflanzenteilen wie Wurzeln, Stängeln, Blättern, Blüten und Früchten. Viele fressen lebendes oder totes Holz, andere Pilze. Ebenso vielfältig sind Lebensweise und Nahrung der Larven, die häufig nichts mit der der Käfer zu tun haben. Sandlaufkäfer z.B. sind als Käfer schnelle, gut sehende Räuber, die ihre Beute aktiv verfolgen. Ihre Larven sitzen jedoch in einer senkrechten Röhre im Boden und warten auf eine vorüberkommende Beute. Auch unter den Larven gibt es räuberische und solche, die eine Vielzahl von Pflanzen und Pflanzenteilen, Holz, Aas oder Kot fressen. Manche in Pflanzen lebenden Larven bilden sogenannte Gallen. Dies sind Anschwellungen der befallenen Pflanzenteile, von denen sich die Larve nicht nur ernährt, sondern in denen sie auch vor Nachstellungen geschützt ist.

Manche Käfer nutzen ein sehr breites Nahrungsangebot, andere sind auf eine einzige Tier- oder Pflanzenart und dort vielleicht auf

Oben: Ein Vierpunktiger Aaskäfer hat eine Raupe erbeutet.

Unten: Eichenbuntkäfer mit einem Kapuzinerkäfer

einen bestimmten Teil spezialisiert. Dies trifft vor allem auf viele pflanzenfressende oder Holz bewohnende Arten zu. Kurz – Käfer können eigentlich alles.

Käferfeinde

Obwohl viele Käferarten recht wehrhaft sind, haben die Käfer insgesamt eine Vielzahl von Feinden, die ihnen oder ihren Larven nachstellen. Unter den Wirbeltieren sind es in Gewässern Fische, Molche und Frösche, an Land Spitzmäuse, Igel, Nagetiere und Marder und in der Luft Fledermäuse und Vögel. Andere Insekten, z.B. Wespen und Raubfliegen, aber auch Käfer, sind ebenso beteiligt wie Spinnen, die wahrscheinlich unter den Wirbellosen die wichtigsten Feinde der Käfer darstellen. Schlupfwespen parasitieren Käferlarven, und auch Pilze und Bakterien bedrohen viele Larven.

Vorkommen und Verbreitung

Die meisten Käfer trifft man bei uns im Frühjahr an, von April bis Juni, doch gibt es auch Sommertiere, die erst im Hochsommer aktiv sind. Einige kann man noch im Spätherbst bzw. schon im Vorfrühling finden, manche sogar im Winter. Je nach Breiten- und Höhenlage kann sich das Auftreten allerdings verschieben, denn die gleiche Art erscheint im Norden und in den Bergen später als im Süden bzw. im Flachland. Diejenigen Arten, die sich an den Menschen

Fleckhals-Prachtkäfer beim Verzehr von Pollen

und seine Behausungen angepasst haben, sind das ganze Jahr hindurch aktiv, da sie immer gute Lebensbedingungen antreffen, d. h. geheizte Räume und ausreichend Nahrung.

Auch die Verbreitung der Käfer ist vielfältig. Man findet sie auf Wiesen, Feldern, Äckern, Trockenhängen, Sanddünen, an und in Wäldern, Parks und Gärten, in Mooren und Sümpfen und in Gewässern, sogar an der Meeresküste. Manche Arten trifft man nur in bestimmten Lebensräumen an, andere sind da weniger wählerisch. Weshalb das so ist, muss selbst bei den meisten heimischen Käfern noch erforscht werden. Es sind zahlreiche Gründe dafür denkbar, Sonneneinstrahlung oder Beschattung, Bodenform, Gewässerqualität, Vorhandensein von Nahrungs- oder Brutpflanzen und vieles andere mehr.

Viele heimische Käfer sind über ganz Europa oder große Teile des Kontinents verbreitet, manche sogar über das ganze gemäßigte Eurasien. Andere besiedeln nur sehr kleine Gebiete, sei es an Wärmestellen oder in Gebirgen, oder nur einzelne Gewässer. Die Gründe dafür sind ebenfalls sehr unterschiedlich.

Fremdlinge und Schädlinge

Vor allem in den letzten 100 Jahren sind viele Arten bei uns eingeführt oder eingeschleppt worden. Manche wurden in der Schädlingsbekämpfung eingesetzt, andere sind

Eine Larve des Schneckenhauskäfers verfolgt eine Schnecke.

Oben: Larve des Siebenpunkt-Marienkäfers **Unten:** Larve des Teppichkäfers

Der mächtige Engerling des Nashornkäfers

mit Schiffsfracht als blinde Passagiere gekommen. Die meisten mögen wir nicht, weil sie sich bei uns zu gefährlichen Schädlingen entwickelt haben. Das liegt zum einen daran, dass sie auf andere Futterpflanzen übergegangen sind, wie der aus Nordamerika stammende Kartoffelkäfer, der ursprünglich nicht auf der Kartoffel heimisch war, da es diese in seinem Verbreitungsgebiet nicht gab. Zum anderen wurden diese Arten schädlich, da ihre natürlichen Feinde bei uns nicht vorkommen oder weil diese Arten ihren bei uns heimischen Verwandten in irgendeiner Weise überlegen sind und diese verdrängen.

So haben auch viele Arten den Menschen und seine Behausungen als besonders günstige Lebensräume entdeckt. Manche taten das bereits in der Steinzeit, andere erst in jüngster Zeit. Und die meisten dieser Arten sind uns mehr oder weniger lästig.

Da wir Menschen die uns umgebende Natur meist nur von unserer eigenen Warte aus betrachten, haben wir auch die Käfer in nützliche und schädliche eingeteilt. Die nützlichen wollen wir schützen und vermehren, die schädlichen bekämpfen. Wir vergessen dabei aber, dass nicht die Natur für uns da ist, sondern dass wir ein Teil der Natur sind mit den gleichen Rechten wie jeder noch so kleine Käfer. Wir sollten uns auch immer vor Augen führen, dass ausnahmslos alle Arten lediglich ihre Aufgabe im Kreislauf der Natur erfüllen. Daher sind die „schädlichen“ Arten genauso wichtig und haben die gleiche Daseinsberechtigung wie die sogenannten nützlichen Arten.

Sehr viele Käferarten treten in den letzten 50 Jahren merklich seltener auf, einige sind ganz verschwunden. Dies ist nicht nur ein Verlust an Vielgestaltigkeit, sondern verändert auch die sehr komplizierten Wechselwirkungen innerhalb der Lebensräume. Untersuchungen haben ergeben, dass bereits der Verlust einer einzigen Art das gesamte Gefüge eines Lebensraums beträchtlich verändern kann, in der Regel nicht zum Guten. Denn die Beziehungen zwischen den Angehörigen eines Lebensraums sind so vielschichtig, dass der Verlust einer einzigen Art selbst Arten beeinflussen kann, die mit dieser scheinbar nicht das Geringste zu tun haben.

Dieser enorme Artenschwund geht ausschließlich zulasten menschlicher Aktivitäten. Verantwortlich sind vor allem die Umweltzerstörung durch Überbauung mit Siedlungen und Straßen, die moderne Landwirtschaft mit ihren Mo-

Großer Puppenräuber mit einer Schmetterlingsraupe

nokulturen, die Forstwirtschaft, die keine alten, kranken Bäume oder totes Holz im Wirtschaftswald duldet, die Begradigung von Fließgewässern und ähnliche menschliche Eingriffe. Dazu kommen Luftverschmutzung, der Eintrag von Düngemitteln und Pestiziden in die Luft, den Boden und die Gewässer sowie die Versauerung von Böden und Gewässern, um die wichtigsten Faktoren zu nennen. Nicht vergessen werden soll auch der übertriebene Ordnungssinn nicht nur von städtischen und staatlichen Stellen, sondern auch von Haus- und Gartenbesitzern, die Feldraine und Wegränder mähen, Bäche und Gräben ausheben und in ihren Gärten keinerlei Wildwuchs dulden.

Um diese zunehmende Verarmung unserer Umwelt zu bremsen, wurden Gesetze zum Schutz seltener Tier- und Pflanzenarten erlassen und Natur- und Landschaftsschutzgebiete ausgewiesen. Auch wenn der Schutz einzelner seltener Arten durchaus begrüßenswert ist, soll doch betont werden, dass ein wirkungsvoller Artenschutz nur durch den Schutz der Lebensräume erzielt werden kann. Naturschutzgebiete sind daher ein wichtiger Faktor des Artenschutzes. Jedoch kann sich jeder persönlich am Artenschutz beteiligen, indem er z.B. in seinem Garten eine Vielfalt an Pflanzen gedeihen lässt, keine Pestizide verwendet und nicht gleich in Panik gerät, wenn dort Käfer Blätter oder Blüten annagen.

Eine Reihe von seltenen, merkwürdigen oder besonders prächtigen Arten ist durch die Bundesartenschutzverordnung geschützt. D.h., sie dürfen normalerweise nicht gefangen werden, und ihre Lebensräume sollen nicht ohne triftigen Grund in irgendeiner Weise verändert oder gar zerstört werden. Außerdem haben viele europäische Länder bzw. deutsche Bundesländer Rote Listen der seltenen und gefährdeten Arten erstellt, in denen diese Arten entsprechend ihrer Gefährdung aufgeführt sind. Diese Roten Listen werden bei der Beurteilung der Folgen von Eingriffen in die Landschaft herangezogen.

Sicher kennen wir die meisten der heimischen Käfer mit Namen und haben bei vielen auch eine ungefähre Vorstellung von ihrer Lebensweise. Dennoch ist selbst bei uns von einer ganzen Reihe von Arten erstaunlich wenig Genaues über ihr Verhalten, ihre Nahrung, Fortpflanzung, Verbreitung und die bevorzugten Lebensräume bekannt. Naturschutz sollte daher nicht bedeuten, dass man aufhört, sich mit Käfern zu beschäftigen oder sie zu beobachten und eventuell zu sammeln, denn es gibt bei ihnen noch so viel zu entdecken. Wenn dies unter Beachtung der Vorschriften geschieht, ist das auch für den Naturschutz förderlich. Denn man sollte nie vergessen: Man kann nur das schützen, was man kennt! Daher gilt auch für den interessierten Laien: Wenn er nichts über Käfer weiß, wie und weshalb sollte er sich um diese Tiere und ihren Schutz kümmern?

Ein Reiskäfer befällt Reisvorräte.

Käfer in ihren Lebensräumen

Typisch

- Oberseite meist grün
- Mittelbinde unterbrochen
- tagaktiv
- auf Wegen und Ödland

Feld-Sandlaufkäfer
Cicindela campestris

Merkmale Ein schön grüner, 12–15 mm langer Laufkäfer Deckflügel mit unvollständiger Querbinde in der Mitte.
Vorkommen In Deutschland überall, vom Flachland bis ins Gebirge.
Wissenswertes Dieser häufige Sandlaufkäfer lebt auf sonnigen Feld- und Waldwegen, Ödland und in Heiden und Mooren. Als gut sehendes Tagtier lauert er auf Fliegen, Käfer und Ameisen, die er im schnellen Lauf oder im kurzen Flug erbeutet. Die Larven leben in senkrechten Erdröhren, in denen sie auf vorüberlaufende Insekten lauern, sie ergreifen und in die Röhre hineinziehen.

Typisch

- Färbung verschiedenartig
- Deckflügel mit Kettenstreifen
- auf Äckern, Feldern und Wiesen
- nachtaktiv

Körnerwarze
Carabus cancellatus

Merkmale Ein 20–30 mm großer Laufkäfer mit drei glatten und drei Kettenstreifen. Er ist messing- oder bronzefarben bis schwarz, sogar grün gefärbt, die Schenkel sind schwarz oder rot.
Vorkommen Fast ganz Europa, vom Flachland bis in etwa 1000 m Höhe.
Wissenswertes Der Käfer bewohnt Äcker und Wiesen, aber auch Gebüsche und lichte Wälder. Ein Nachttier, das sich tagsüber unter Pflanzen, Holz und in Erdspalten versteckt. Seine Deckflügel sind verwachsen, sodass er nicht fliegen kann. Wie seine Larven ernährt er sich von Schnecken, Regenwürmern und Raupen.

Typisch

- bronzefarben
- Deckflügel flach und lang
- Felder und trockene Wiesen
- nachtaktiv

Körniger Laufkäfer
Carabus granulatus

Merkmale Sehr ähnlich der vorigen Art, aber schmaler und flacher. Meist bronzefarben mit dunklen Beinen.
Vorkommen Ganz Europa, vom Flachland bis ins Gebirge.
Wissenswertes Eine häufige Art der Wiesen, Felder und des Ödlands. Obwohl überwiegend nachts unterwegs, kann man sie auch tagsüber antreffen. Die meisten Tiere sind ungeflügelt, manche können aber noch fliegen. Ein nützliches Tier, das neben allerlei Raupen, Schnecken und Würmern auch dem Kartoffelkäfer und seinen Larven nachstellt. Wie alle Großlaufkäfer jagt er mithilfe des Geruchssinns.

28–29

Typisch

- Oberseite rot-blau
- auf trockenen Feldern und Ödland
- Samenfresser
- breitet sich nach Norden aus
- nachtaktiv

Bunter Schnellläufer

Diachromus germanus

Merkmale Ein bunter, auffallend rot und blau gefärbter Laufkäfer von etwa 10 mm Länge.
Vorkommen Eine südliche Art, in Deutschland vor allem im Süden an Wärmestellen, fehlt im höheren Bergland.
Wissenswertes Dieser zu den Schnellläufern gehörende Laufkäfer besiedelt bei uns warme, trockene bis etwas feuchte Felder, Weiden, Trockenrasen und Ödflächen. Er ist bevorzugt nachts unterwegs und ernährt sich hauptsächlich von Grassamen. Dafür steigt er zuweilen auch an den Grashalmen empor. Bei uns tritt er etwa von Mitte Juni bis Mitte August auf, wenn die Gräser reifen. Dies ist typisch für viele Laufkäfer, die sich von Pflanzensamen ernähren. Früher in Deutschland sehr selten, breitet sich aber seit etwa 20 Jahren stetig nach Norden aus und gilt nun nicht mehr als gefährdete Art. Wahrscheinlich hängt seine Ausbreitung mit der Klimaerwärmung zusammen.

Typisch

- Oberseite vorn grün, Deckflügel rot-grün
- auf Äckern und Feldern
- verzehrt allerlei Kleintiere
- nachtaktiv

Bunter Putzläufer

Platynus dorsalis

Merkmale Ein bunter, auf den Deckflügeln rot und grün oder grünblau gefärbter, 6–8 mm langer Laufkäfer.
Vorkommen Die weitverbreitete Art kommt in Deutschland vom Flachland bis in mittlere Höhenlagen vor.
Wissenswertes Dieser Käfer ist einer der charakteristischen Laufkäfer der Äcker und Felder. Er ist sehr häufig auf Äckern, Feldern, Weiden und Wiesen anzutreffen, vor allem auf mäßig feuchtem, lehmigem Boden. Als Nachttier verbirgt er sich tagsüber in Erdspalten, unter Steinen und Grasbüscheln. Er jagt allerlei Kleintiere, Ameisen, andere Käfer und deren Larven, Regenwürmer und kleine Schnecken. Das Frühjahrstier ist von Ende März bis Ende Juni und dann wieder von September bis Oktober zu sehen. Die Larven entwickeln sich im Sommer. Die Käfer kann man im Winterquartier zuweilen in größeren Gruppen unter Steinen oder Pflanzenresten entdecken.

Typisch

- gelbbraun, Deckflügel lang bewimpert
- auf Wiesen und Weiden mit Gebüsch
- schwärmt Ende Juni
- Larven sind Engerlinge

Junikäfer
Amphimallon solstitiale

Merkmale Dem Maikäfer ähnlich, aber nur etwa 15 mm lang und mit undeutlichen Dreiecksflecken an den Seiten. Oberseite einheitlich gelbbraun und aufrecht behaart. Deckflügel lang bewimpert, mit drei Längsrippen. Der Fühlerfächer ist dreigliedrig.
Vorkommen In ganz Deutschland vom Flachland bis in mittlere Lagen.
Wissenswertes Eine recht häufige Art der Weiden, Wiesen und Gebüsche, aber auch in Gärten und Alleen. Die Käfer schwärmen Ende Juni in warmen Nächten in der Abenddämmerung und nachts um Büsche und Bäume, oft in großen Mengen, jedoch dauert die Flugzeit nur wenige Wochen. Die erwachsenen Käfer fressen an Blättern und Blüten verschiedener Laubbäume und Gebüsche. Die Weibchen legen ihre Eier in lockeren Boden, wo die Larven, die Engerlinge, sich von Graswurzeln ernähren. Diese häuten sich mehrfach und überwintern mindestens zwei Mal, ehe sie sich im darauffolgenden Frühjahr verpuppen.

Typisch

- gelb bis grau, Deckflügel sehr dicht behaart
- auf mäßig feuchten Wiesen und Weiden
- Larven fressen Graswurzeln

Moorweichkäfer
Dascillus cervinus

Merkmale Die schwarze Färbung wird von einer dichten gelbgrauen bis grauen Behaarung verdeckt. Die Deckflügel sind weich, daher der im Grunde falsche Name „Moorweichkäfer“, denn Weichkäfer gehören zu einer anderen Käferfamilie. Der etwa 10 mm lange Käfer ist auch unter dem Namen „Wiesenkäfer“ bekannt.
Vorkommen In Deutschland vor allem im Hügelland und im Gebirge.
Wissenswertes Den Käfer findet man im späteren Frühjahr und im Sommer auf Blüten, vorzugsweise denen von Doldenblütlern, auf mäßig feuchten Wiesen und Weiden, aber auch in Mooren. Wahrscheinlich ernährt er sich räuberisch von anderen Blüten besuchenden Insekten. Die breiten, flachen Larven sehen Engerlingen ähnlich und leben im Boden von nicht zu feuchten Wiesen und Mooren. Sie ernähren sich von Graswurzeln und anderen Pflanzenwurzeln und werden gelegentlich sogar durch ihren Fraß schädlich.

Typisch

- rot-schwarze Färbung
- weichhäutige Deckflügel
- im Frühjahr auf Blüten
- enthält Cantharidin

Gemeiner Weichkäfer
Cantharis fusca

Merkmale Der Name „Weichkäfer" bezieht sich auf die sehr weichen Deckflügel. Teile des Kopfs und des Hinterleibs sind rot, der Rest ist schwarz. Die Deckflügel sind dicht anliegend behaart. Der Käfer wird 10–12 mm lang.
Vorkommen Kommt in ganz Deutschland vom Flachland bis in mittlere Lagen vor.
Wissenswertes Die Weichkäfer der Gattung *Cantharis* werden auch als „Soldatenkäfer" bezeichnet, vermutlich wegen ihrer lebhaften Färbung. Der Gemeine Weichkäfer ist eine häufige Art der Weiden, Wiesen, Gebüsche, Waldränder und Gärten. Die Käfer findet man von Mai bis Juni, in höheren Lagen auch bis Ende Juli, auf Blüten aller Art. Dort machen sie Jagd auf allerlei kleine Insekten. Wie alle Weichkäfer scheiden sie bei Belästigung eine gelbliche Flüssigkeit aus, die geringe Mengen des Gifts Cantharidin enthält und vermutlich als Schutz vor Feinden dient.

Typisch

- rot-schwarze Färbung
- weichhäutige Deckflügel
- im Sommer auf Blüten
- Larven sind Schneewürmer

Rotgelber Weichkäfer
Rhagonycha fulva

Merkmale Kopf und Halsschild sind hellrot gefärbt, die Deckflügel gelbbraun, der Hinterrand ist schmal schwarz gesäumt. Der Käfer erreicht knapp 10 mm Länge.
Vorkommen In ganz Deutschland vom Flachland bis ins Gebirge.
Wissenswertes Im Hochsommer ist der Rotgelbe Weichkäfer einer der häufigsten Käfer und in großen Mengen auf Doldenblütlern anzutreffen. Er bewohnt Weiden, Wiesen, Gebüsche und besonnte Waldränder, im Gebirge auch sonnige Bergwiesen. Man findet ihn am häufigsten im Juli und August. Bei Sonnenschein sind manchmal die Blüten der Doldenblütler geradezu von diesen Käfern umschwärmt. Wie alle Weichkäfer jagt er kleine Insekten. Die Larven erbeuten am Boden Schnecken, Würmer sowie kleine Insekten und deren Larven. Sie überwintern in der Bodenstreu und erscheinen an warmen Vorfrühlingstagen manchmal als „Schneewürmer" auf dem Schnee, weil die Nässe sie aus dem Boden treibt.

Typisch

- scheckige Oberfläche
- Blütenbesucher und Kulturfolger
- Larven stark beborstet
- Larven können enormen Schaden anrichten

Teppichkäfer
Anthrenus scrophulariae

Merkmale Ein etwa 4 mm großer Käfer mit gescheckter Färbung.
Vorkommen Verbreitet.
Wissenswertes Der Teppichkäfer ist eigentlich ein Blütenbesucher und wurde erst sekundär zu einem lästigen Hausgast. Im Freien lebt er von Blütenpollen. Die Larve frisst an trockenen tierischen Stoffen, Haaren, Wolle und trockenem Aas. In der Natur hält sie sich unter Rinde, in Nagerbauen und Vogelnestern auf. Von dort dringt der flugfähige Käfer in Häuser ein, wo seine borstigen Larven an Teppichen, Wollsachen sowie Insektensammlungen und Vogelbälgen schädlich werden.

Typisch

- kleiner Käfer mit glänzender Oberseite
- vor allem auf Rapsblüten
- bei Massenbefall außerordentlich schädlich

Rapsglanzkäfer
Meligethes aeneus

Merkmale Ein etwa 2 mm langer, ovaler Käfer mit auffallend glänzender Oberfläche. Er kann grünlich, blau oder auch ganz schwarz gefärbt sein.
Vorkommen Überall an Raps oder verwandten Pflanzen.
Wissenswertes Der Rapsglanzkäfer lebt nicht nur auf Raps, sondern auch auf verwandten gelb blühenden Pflanzen. Im Frühjahr besucht er zunächst wild wachsende Pflanzen, zur Zeit der Rapsblüte aber besonders Raps. Die Käfer fressen sowohl Pollen wie Fruchtknoten und Stempel der Blüten und werden daher bei Massenbefall schädlich und müssen bekämpft werden.

Typisch

- grün, Deckflügel am Ende rot
- Männchen mit Anhängen an den Fühlern
- auf Gräsern und Blüten
- Larven räuberisch

Zweifleckiger Zipfelkäfer
Malachius bipustulatus

Merkmale Der weichhäutige Käfer ist etwa 6 mm lang. Seine Oberseite ist grün, die Deckflügel sind am Ende rot gefleckt. Auch der Hinterleib ist teilweise rot gefärbt. Bei den Männchen tragen einige Fühlerglieder rote Anhänge.
Vorkommen Bei uns weitverbreitet und häufig.
Wissenswertes Der Käfer ist auf Wiesen, Weiden und an Wegrändern auf Blüten oder Gräsern anzutreffen, von deren Pollen er sich ernährt. Die Larven leben räuberisch am Boden in und unter Holz. Die Männchen locken zur Paarungszeit die Weibchen mit einem Sekret an und machen sie damit paarungsbereit.

Typisch

- grün mit zwei roten Binden
- Färbung recht variabel
- auf Blüten und Gräsern
- gern in Gärten und Häusern

Gebänderter Warzenkäfer

Anthocomus fasciatus

Merkmale Die schwarz-rote Färbung des 4–5 mm langen Käfers ist variabel, und die roten Flecke können größer sein als auf dem Bild.
Vorkommen Weitverbreitet und recht häufig.
Wissenswertes Den Käfer trifft man im Frühjahr auf Wiesen, Weiden und an Wegrändern an, aber auch in Parks und Gärten. Manchmal dringt er sogar in Häuser ein oder fliegt gegen Fensterscheiben. Er lebt auf Gräsern und Blüten, wo er sich von Pollen ernährt, aber anscheinend auch kleine Insekten verzehrt. Seine Larven leben räuberisch am Boden, manchmal in Gärten auf Kompost.

Typisch

- Färbung schwarz-rot mit zwei Flecken
- an Weiden und Haseln
- Bei Störung lassen sich die Käfer sofort fallen

Zweipunktiger Fallkäfer

Cryptocephalus bipunctatus

Merkmale Ein etwa 5 mm langer, gedrungener Käfer mit schwarzem Kopf, aber leuchtend roten Deckflügeln, die zwei schwarze Flecke tragen. Die Fühler sind auffallend lang.
Vorkommen In Deutschland weitverbreitet.
Wissenswertes Die zahlreichen Arten der Fallkäfer sind sich alle in Form und Färbung sehr ähnlich und schwierig auseinanderzuhalten. Der Zweipunktige Fallkäfer lebt auf Weiden und in Haselsträuchern, von deren Blättern er sich ernährt. Der Name Fallkäfer ist sehr zutreffend, denn bei Beunruhigung lassen sich die Käfer sofort zu Boden fallen.

Typisch

- schwarze, auffallend lederartige Oberfläche
- an trockenen, sonnigen Orten
- Weibchen mit vergrößertem Hinterleib

Rainfarn-Blattkäfer

Galeruca tanaceti

Merkmale Ein schwarzer Blattkäfer von 6–10 mm Länge. Die Oberseite ist mit tiefen Gruben bedeckt und wirkt lederartig.
Vorkommen In warmen, trockenen Gebieten verbreitet und häufig.
Wissenswertes Die Käfer sind ab Juni auf trockenen Wiesen, Weiden und sonnigen Brachflächen anzutreffen. Sie fressen an einer Vielzahl von krautigen Pflanzen, legen ihre Eier aber bevorzugt an Gräsern ab. Vor der Eiablage ist der Hinterleib der Weibchen auffällig aufgebläht. Eier und Larven enthalten einen bitter schmeckenden Stoff, der als Schutz vor Fressfeinden dient.

Typisch

- sechs auffällige helle Flecke auf den Deckflügeln
- Käfer und Larven an Spargel
- Käfer können zirpen
- manchmal an Spargel schädlich

Spargelhähnchen

Crioceris asparagi

Merkmale Ein lebhaft, aber verschiedenartig gefärbter Blattkäfer von etwa 6 mm Länge mit blauschwarzem Kopf, rotem Halsschild und sechs weiß-gelben Flecken auf den Deckflügeln.
Vorkommen Bei uns überall an wildem sowie angebautem Spargel.
Wissenswertes Die Käfer sind vom Frühjahr bis in den Frühherbst aktiv und ernähren sich wie ihre Larven von Sprossen und Blättern der Spargelpflanzen. Die Larven verpuppen sich im Boden. Die Käfer schlüpfen im Herbst und überwintern am Boden unter Laub oder Steinen, zuweilen auch in den Spargelpflanzen selbst.

Typisch

- ganz rot mit roten Beinen
- an verschiedenen Liliengewächsen
- Käfer können zirpen
- Larven mit Kothülle

Maiglöckchenhähnchen

Lilioceris merdigera

Merkmale Im Unterschied zum nah verwandten schwarzköpfigen Lilienhähnchen ist das etwa 6 mm lange Maiglöckchenhähnchen ganz rot und besitzt auch rote Beine.
Vorkommen Weitverbreitet.
Wissenswertes Die Käfer sind vom Frühjahr bis in den Frühherbst hinein an Waldrändern und auf Wiesen und Feldern an Liliengewächsen zu finden, von deren Blättern sie sich ernähren. Auch an Zwiebeln und Knoblauch kommen sie vor und können bei Massenauftreten Schäden verursachen. Die Larven schützen sich durch eine Hülle aus Kot vor Fressfeinden. Die Käfer können zirpende Laute erzeugen.

Typisch

- Deckflügel mit schwarz-gelbem Mittelfleck
- an Königskerzen und Braunwurz
- Larven mit Gallerthülle

Königskerzen-Blattschaber

Cionus tuberculosus

Merkmale Ein 5 mm langer Blattschaber mit gescheckter Oberfläche und einem schwarz-gelben Mittelfleck.
Vorkommen In Deutschland weitverbreitet.
Wissenswertes Die Käfer leben auf Wiesen, an Feldrainen, auf Ödflächen und an sonnigen Waldrändern an Braunwurz und Königskerzen, deren Blätter sie benagen. Die fußlosen Larven sind abweichend von anderen Rüsselkäfern frei lebend, umgeben sich aber mit einer Gallertmasse, sodass sie kleinen Nacktschnecken gleichen. Sie verpuppen sich in Kokons an der Futterpflanze, die den Samenkapseln täuschend ähnlich sehen.

Sandlaufkäfer
Cicindela hybrida

Typisch
- Deckflügel mit vollständiger Mittelbinde
- auf Sandboden, sehr sonnenhungrig
- Käfer und Larven häufig in Kolonien
- Käfer fliegen gut

Merkmale Ein bis zu 16 mm großer Sandlaufkäfer mit einer vollständigen, gezackten Mittelbinde auf den kupfriggrünen Deckflügeln.
Vorkommen In Sandgegenden weitverbreitet vom Flachland bis in höhere Lagen.
Wissenswertes Der Käfer besiedelt Dünen, Sandgruben, sandige Felder und Ödland, sogar offene Wälder mit sandigem Untergrund, oft in recht großen Kolonien. Die Käfer fliegen gut und schnell. Auch die bis zu 50 cm tiefen Wohnröhren der Larven liegen häufig zu mehreren dicht beieinander. Käfer und Larven erbeuten Insekten, die Larven vor allem Ameisen.

Zweifleck-Kreuzläufer
Panagaeus bipustulatus

Typisch
- Deckflügel mit rot-schwarzer Kreuzzeichnung
- an trockenen, sonnigen Stellen
- Warntracht, wehrt sich mit unangenehmem Geruch

Merkmale Ein schwarzer, bis zu 8 mm großer Laufkäfer mit überwiegend roten Deckflügeln und einer schwarzen Kreuzzeichnung.
Vorkommen In Deutschland in Wärmegebieten verbreitet, aber recht selten.
Wissenswertes Eine von zwei heimischen Arten aus einer vor allem in den Tropen verbreiteten Laufkäfergruppe. Diese Art ist wärmeliebend und kommt auf Halbtrockenrasen und sonnigem Ödland vor. Die andere heimische Art lebt in feuchterer Umgebung. Die auffällige Färbung ist eine Warntracht, denn bei Störung geben die Tiere einen unangenehmen Geruch ab.

Kleinkreuz-Prunkläufer
Lebia cruxminor

Typisch
- Deckflügel mit vollständiger Mittelbinde
- auf Sandboden, sehr sonnenhungrig
- Käfer und Larven häufig in Kolonien
- Käfer fliegen gut

Merkmale Ein 6–7 mm großer, leuchtend rot gefärbter Laufkäfer mit schwarzem Kopf und schwarzer Kreuzzeichnung.
Vorkommen In Deutschland in Wärmegebieten, aber selten bis sehr selten.
Wissenswertes Eine der wenigen heimischen Arten aus einer enorm zahlreichen, vor allem in den Tropen verbreiteten Gruppe. Die Käfer und ihre Larven leben an feuchten wie trockenen, aber stets sonnigen Orten auf niedrigen Pflanzen und Gebüsch und jagen dort Blattkäfer und ihre Larven. Die tagaktiven Käfer fliegen gut und überwintern unter der Rinde am Fuß von Bäumen.

Typisch

- roter Vorderkörper, grüne oder blaue Deckflügel
- kolonieweise an warmen, trockenen Stellen
- schreckt Feinde durch „Bombardieren“ ab

Großer Bombardierkäfer

Brachinus crepitans

Merkmale Einer der zwei bei uns heimischen Bombardierkäfer. Kopf und Halsschild des 6–10 mm langen Käfers sind rot gefärbt, die Deckflügel blau oder grün.
Vorkommen In Deutschland in Wärmegebieten verbreitet.
Wissenswertes Der Käfer bewohnt warme, trockene Stellen auf Kalk- oder Lehmböden, trockene Felder und Ödland, Trockenrasen, Weinberge und Steinbrüche, oft in großen Kolonien. Bei Störung stößt er aus Drüsen am Hinterleib eine stechend riechende, heiße Gaswolke aus, die mit einem hörbaren Geräusch explodiert und auf Feinde eine abschreckende Wirkung hat.

Typisch

- rote Flecke auf den Deckflügeln
- Körper bildet eine Trutzform
- an warmen, trockenen Stellen
- jagt Fliegenmaden an Kot, Aas und Pilzen

Vierfleck-Gaukler

Hister quadrimaculatus

Merkmale Die schwarzen Deckflügel des 10 mm langen Stutzkäfers sind rot gefleckt.
Vorkommen In Deutschland in Wärmegebieten verbreitet.
Wissenswertes Ein räuberischer Käfer, der gemeinsam mit seinen Larven an Kuh- und Pferdedung, Aas, Pilzen und faulenden Pflanzen Insektenlarven, vor allem Fliegenmaden, jagt. Er ist wärmeliebend und bewohnt trockene Felder und Wiesen, Ödland und Trockenrasen. Bei Gefahr stellt er sich tot und zieht dabei Fühler und Beine dicht an den Körper. Der sehr feste Chitinpanzer bildet dabei einen guten Schutz vor Fressfeinden.

Typisch

- Körper flach und breit
- gelb mit schwarzen Flecken
- auf Trockenrasen mit Gebüsch
- Käfer und Larven jagen Raupen

Vierpunktiger Aaskäfer

Xylodrepa quadripunctata

Merkmale Der flache, breite Käfer wird 12–14 mm lang. Auf gelbbraunem Grund trägt er einige schwarze Flecke.
Vorkommen In Deutschland in Wärmegebieten im Flachland verbreitet, aber nicht häufig.
Wissenswertes Im Unterschied zu seinen Verwandten ernährt sich dieser Aaskäfer räuberisch von Raupen, Pflanzenwespenmaden und Blattläusen. Er bewohnt trockene, warme, mit Gebüsch bestandene Trockenhänge und lichte Eichenwälder. Der Käfer geht bevorzugt auf niedriger Vegetation auf Pirsch, die räuberischen Larven jagen am Boden, fressen aber auch Aas.

Typisch

- großer, breiter Kurzflügler
- Kopf und Ende des Hinterleibs gelb, sonst schwarz und grau
- sehr wärmeliebend
- jagt auf Kuhmist

Zottiger Kurzflügler

Emus hirtus

Merkmale Mit bis zu 28 mm Länge einer der größten heimischen Kurzflügler. Kopf und letzte Hinterleibsringe sind gelb gefärbt, der Rest ist schwarz und teilweise grau meliert.
Vorkommen In Wärmegebieten, jedoch selten.
Wissenswertes Wie alle Kurzflügler besitzt er sehr kurze Deckflügel, aber voll entwickelte Hinterflügel. Das macht seinen Hinterleib beweglich, sodass er in Spalten kriechen kann. Auf warmen, trockenen Wiesen und Weiden besucht er besonders gern Kuhmist und jagt dort nach anderen Insekten und deren Larven, die er mit seinen sehr kräftigen Kiefern packt.

Typisch

- großer, auffallend gefärbter Kurzflügler
- rote Deckflügel und gelbe Flecke auf dem Hinterleib
- auf sonnigen Weiden

Kaiser-Kurzflügler

Staphylinus caesareus

Merkmale Ebenfalls ein sehr großer, bis zu 20 mm langer Kurzflügler. Kopf und Hinterleib sind schwarz gefärbt, die Deckflügel rot, Halsschild und Hinterleibsringe sind gelb gefleckt.
Vorkommen Im Süden, in Wärmegebieten, aber nicht häufig.
Wissenswertes Dieser auffällig gefärbte Käfer bewohnt sonnige, mit Gebüsch bestandene Weiden und Ödflächen, aber auch lichte Wälder, wo er am Boden auf Jagd geht. Wie seine sehr beweglichen Larven verzehrt der Käfer Schnecken sowie Insekten und ihre Larven. Bedroht spreizt er die Kiefer und streckt den Hinterleib nach vorn.

Typisch

- sehr groß, ganz schwarz
- an trockenen, sonnigen Orten
- jagt Schnecken, Regenwürmer und Insekten
- sehr wehrhaft

Schwarzer Moderkäfer

Ocypus olens

Merkmale Mit über 30 mm Länge der größte heimische Kurzflügler. Er ist mattschwarz gefärbt und dicht anliegend behaart.
Vorkommen Bei uns weitverbreitet.
Wissenswertes Dieser sehr große und wehrhafte Kurzflügler bewohnt trockene Weiden, Trockenrasen, sonnige Feldraine und Wälder. Meist findet man ihn unter Steinen oder Holz. Er geht am Boden auf Jagd und frisst alles Kleingetier, das er überwältigen kann, selbst große Regenwürmer. Er kann mit seinen langen Kiefern kräftig zubeißen. Außerdem besitzt er Wehrdrüsen am Hinterleib, die ein übel riechendes Sekret abgeben.

Typisch

- schwarz, gewölbt, Deckflügel tief gestreift
- Männchen mit Horn auf dem Kopf
- ernährt sich von Dung
- betreibt Brutfürsorge

Mondhornkäfer

Copris lunaris

Merkmale Das Männchen erkennt man an seinem gebogenen Kopfhorn. Das Weibchen ist ungehörnt. Die Schienen der Vorderbeine sind gezähnt und dienen zum Graben. Der Käfer kann über 20 mm lang werden.
Vorkommen Verbreitet, aber im Norden seltener. Streng geschützt.
Wissenswertes Der Mondhornkäfer hat eine bemerkenswerte Arbeitsteilung. Im Frühjahr trägt das Männchen Kuhdung in eine selbst gegrabene Bruthöhle. Dort wird dieser vom Weibchen zu kugeligen Brutbirnen geformt. Jede Bruthöhle enthält mehrere Brutbirnen, auf die das Weibchen jeweils ein Ei ablegt. Nach dem Schlüpfen ernähren sich die Larven vom Dung. Sie werden bis zur Verpuppung mehrere Monate lang vom Weibchen bewacht, das die Brutbirnen ausbessert und sie vor Verpilzung schützt. Die Käfer findet man unter Kuhfladen auf sonnige Weiden und Ödflächen. Bei Belästigung können diese Käfer hörbar zirpen.

Typisch

- schwarz, gewölbt, Deckflügel tief gestreift
- Männchen mit drei nach vorn gerichteten Hörnern
- in Sand- und Heidegebieten

Stierkäfer

Typhaeus typhoeus

Merkmale Beim Stierkäfer tragen die Männchen drei lange, nach vorn gerichtete Hörner auf dem Kopf, während die Weibchen ungehörnt sind. Die schwarzen Käfer werden 16–24 mm lang.
Vorkommen In Deutschland verbreitet, bevorzugt in sandigen Gebieten. Streng geschützt.
Wissenswertes Der Stierkäfer bewohnt sandige Felder, Ödland und Heiden, aber auch lichte Kiefernwälder. Man sieht ihn meist im zeitigen Frühjahr, wenn er seine Brutstollen gräbt. Diese können bis zu 1,5 m tief ins Erdreich reichen und gabeln sich in mehrere Seitengänge, die jeweils in einer Brutkammer enden. In diese legt das Weibchen zunächst ein Ei ab, bevor Dung eingetragen wird. Dieser stammt vor allem von Kaninchen, Rehen und Schafen. In der Brutkammer formt das Weibchen den Dung zu Brutpillen, von denen sich die Larven ernähren. Die Bedeutung der Hörner des Männchens ist unklar.

Typisch

- Vorderkörper grünlich metallisch, Deckflügel gelb und gefleckt
- Männchen mit Horn auf dem Hinterkopf
- ernährt sich von Dung und Aas

Mönchskotkäfer

Onthophagus coenobita

Merkmale Kopf und Halsschild des etwa 6–8 mm langen Käfers sind grünlich metallisch gefärbt, die Deckflügel schmutzig gelb. Das Männchen trägt am Hinterkopf ein rückwärts weisendes Horn.
Vorkommen In Deutschland verbreitet.
Wissenswertes Den Käfer findet man im Frühjahr und Spätsommer an allerlei Kot. Er gräbt eine etwa 10 cm tiefe Brutröhre, wobei er die Erde Kopf voran herausschafft. Rückwärts laufend bringt der Käfer dann den feuchten Dung in die Röhre, wobei er ihn in den Vorderbeinen hält. Dann stampft er den Dung fest und legt ein Ei an die Brutpille.

Typisch

- schwarz mit zahlreichen hellen Flecken
- in Wärmegebieten
- auf Blüten, ernährt sich von Pollen
- Larven fressen Pflanzenwurzeln

Trauer-Rosenkäfer

Oxythyrea funesta

Merkmale Ein kleiner, 8–12 mm langer Rosenkäfer mit zahlreichen weißlichen Flecken auf den Deckflügeln und sechs Flecken auf dem Halsschild.
Vorkommen In Deutschland im Süden, jedoch selten.
Wissenswertes Dieser Käfer ist ein Blütenbesucher, den man im Mai und Juni auf verschiedenen Blüten antreffen kann, deren Pollen er frisst. Er kommt in Süddeutschland stellenweise auf Kalktrockenrasen und blütenreichen Wiesen, aber auch an sonnigen Waldrändern vor. Die Eier werden am Boden abgelegt. Die Larven leben in der Erde und ernähren sich von Pflanzenwurzeln.

Typisch

- grau mit fleckiger Behaarung
- Körper mit sehr festem Chitinpanzer
- kann sich tot stellen
- Käfer und Larven fressen Moos

Pillenkäfer

Byrrhus pilula

Merkmale Ein runder, pillenförmiger, grau gefärbter Käfer mit fleckiger Behaarung. Er wird 6–10 mm lang.
Vorkommen In Deutschland weitverbreitet.
Wissenswertes Der Pillenkäfer ist wie seine Larven ein Moosfresser und kommt von trockenem Ödland und Trockenrasen bis in Heiden und Mooren vor. Er besitzt einen extrem harten Chitinpanzer und verlässt sich bei Störung auf seine Panzerung. Beim Totstellen legt er Beine und Fühler in Aussparungen am Körper und kann auf diese Weise sogar unbeschadet verschluckt werden und der Verdauung widerstehen.

Typisch

- sehr bunt blau-grün-rot gefärbt
- in Kirschbäumen
- fliegt im Sonnenschein
- Larven unter der Rinde

Kirschprachtkäfer

Anthaxia candens

Merkmale Einer der buntesten Prachtkäfer. Er wird 11 mm lang und ist vorn blau bzw. grün sowie schwarz gefärbt, die Deckflügel sind leuchtend kupferrot mit einer schwarz- oder blau-grünen Zeichnung in der Mitte.
Vorkommen In Deutschland nur im Süden, jedoch selten.
Wissenswertes Dieser farbenfrohe Käfer bewohnt trocken-warme Gebiete mit spärlichem Baumbestand, etwa Streuobstwiesen und Weinberge. Die Larve lebt unter der Rinde von Kirschbäumen und deren wild wachsenden Verwandten. Sie wird aber nicht schädlich, da sie sich nur in schon geschädigten Teilen entwickelt.

Typisch

- Deckflügel rot mit schwarzem Mittelfleck
- auf Steppenheiden, an Eichen
- Larve in moderndem Eichenholz
- Käfer kann „schnellen“

Blutroter Schnellkäfer

Ampedus sanguinolentus

Merkmale Ein bis zu 12 mm langer Schnellkäfer mit schwarzem Vorderkörper und blutroten Deckflügeln, mit einem lang ovalen schwarzen Mittelfleck.
Vorkommen In Deutschland verbreitet, aber nicht häufig.
Wissenswertes Man findet den Käfer auf warmen, sonnigen, mit Eichen durchsetzten Steppenheiden, wo die Larven unter der Eichenrinde im abgestorbenen, weißfaulen Holz leben. Die Käfer sieht man auf blühenden Doldenblütlern und Büschen sowie auf totem Holz. Wie alle seine Verwandten kann der Käfer aus der Rückenlage mit einer ruckartigen Bewegung hochschnellen.

Typisch

- schwarz-rot mit weißen Binden auf den Deckflügeln
- in Wärmegebieten an Eichen
- räuberisch, sieht sehr gut
- sehr selten, geschützt

Eichenbuntkäfer

Clerus mutillarius

Merkmale Der Bauch des bis zu 15 mm langen Käfers ist rot gefärbt, die Oberseite schwarz, doch die Basis der Deckflügel ist rot. Diese tragen außerdem noch zwei helle Binden. Die Ränder sind lang weiß behaart.
Vorkommen In Deutschland nur im Süden, heute sehr selten und vom Aussterben bedroht. Streng geschützt.
Wissenswertes Ein wärmeliebender Buntkäfer, der auf mit Eichen bestandenen Trockenrasen auf Blüten oder an kranken Eichen zu finden ist. Er sieht gut, ist sehr flink und jagt dort im hellen Sonnenschein allerlei Insekten. Auch seine Larven sind räuberisch.

Typisch

- Männchen schwarz, geflügelt, Weibchen larvenähnlich
- drei verschiedene Larvenstadien
- Larven fressen Schnecken

Schneckenhauskäfer

Drilus concolor

Merkmale Das geflügelte Männchen ist 6 mm lang und besitzt auffällig gekämmte Fühler. Das bis zu 14 mm lange Weibchen ist larvenähnlich und flügellos.
Vorkommen Bei uns nur sehr sporadisch und selten.
Wissenswertes Dieser seltene Käfer zeigt einen auffallenden Geschlechtsunterschied. Während das geflügelte Männchen auf Blüten und Gebüsch zu finden ist, lebt das larvenähnliche Weibchen am Boden. Auch die Entwicklung ist ungewöhnlich. Die erste Larve ist behaart und sucht kleine Gehäuseschnecken, die sie besteigt und durch einen Giftbiss tötet und frisst. Im Herbst häutet sie sich zu einer nackten, madenartigen Zweitlarve, die in einem Schneckenhaus überwintert. Im Frühjahr häutet sich diese zu einer wieder frei beweglichen Larve, die ebenfalls Schnecken frisst und abermals überwintert. Larven und Käfer findet man auf Kalktrockenrasen und trockenen Wiesen.

Typisch

- blauschwarz, ungeflügelt
- Weibchen mit aufgetriebenem Hinterleib
- komplizierte Larvenentwicklung in Bienennestern

Schwarzblauer Ölkäfer

Meloe proscarabaeus

Merkmale Das Männchen des ungeflügelten Käfers wird bis zu 12 mm lang, das Weibchen bis über 30 mm. Besonders bei den Weibchen ist der Hinterkörper sehr lang.
Vorkommen An trockenen und warmen Stellen.
Wissenswertes Dieser Ölkäfer zeigt eine komplizierte Larvenentwicklung. Das Weibchen legt sehr viele Eier am Boden ab, aus denen winzige Dreiklauerlarven schlüpfen. Diese klettern an Pflanzen empor, klammern sich dort an Wildbienen und lassen sich von ihnen ins Nest tragen. Dort fressen sie ein Ei und häuten sich zu einer madenartigen Larve, die sich vom Pollen und Nektar im Bienennest ernährt. Sie wandert später aus dem Nest in die Erde und überwintert dort. Schließlich häutet sie sich noch einmal zu einer madenartigen Larve, die sich im Erdreich verpuppt. Den auch als „Maiwurm“ bezeichneten Käfer findet man im Frühjahr auf trockenen Wiesen und Ödland.

54–55

Typisch

- auffallend schwefelgelb gefärbt
- Käfer auf Blüten
- Larven fressen an Pflanzenwurzeln
- mehrjährige Entwicklung

Schwefelkäfer

Cteniopus flavus

Merkmale Ein etwa 7–9 mm langer, durch seine schwefelgelbe Färbung auffallender Käfer mit langen Fühlern.
Vorkommen In Deutschland in warm-trockenen Gebieten, im Norden selten.
Wissenswertes Der Schwefelkäfer bewohnt trockene Wiesen, Halbtrockenrasen und besonnte Waldränder. Er lebt auf Blüten und ernährt sich von Pollen. Die Larven fressen an Pflanzenwurzeln, besonders auf sandigen Böden, und überwintern im Boden oder unter Rinde an morschem Holz. Die Entwicklung dauert mehrere Jahre. Es kommen auch Tiere mit schwarzem Kopf oder dunklen Beinen vor.

Typisch

- groß, schwarz, ungeflügelt
- in Wärmegebieten Südwestdeutschlands
- an dunklen Orten
- ernährt sich pflanzlich

Ähnlicher Totenkäfer

Blaps lethifera

Merkmale Ein großer, ungeflügelter, bis zu 30 mm langer Schwarzkäfer mit verwachsenen Deckflügeln.
Vorkommen In Deutschland nur im Südwesten in Wärmegebieten.
Wissenswertes Dieser Käfer gehört zu den größten Schwarzkäfern. Er ist ein Nachttier, das sich tagsüber unter Steinen verbirgt, aber auch an dunklen Orten, in Schuppen, Kellern und Höhleneingängen lebt. Nachts läuft er auf der Nahrungssuche herum und verzehrt pflanzliche Stoffe. Die großen Larven sehen den Mehlwürmern ähnlich und ernähren sich ebenfalls von trockenen pflanzlichen Stoffen.

Typisch

- schwarz mit Höckern auf den Deckflügeln
- auf sandigen Böden
- Käfer häufig in Kolonien
- Larven fressen an Pflanzenwurzeln

Gemeiner Staubkäfer

Opatrum sabulosum

Merkmale Ein bis zu 10 mm langer Schwarzkäfer mit auffällig höckrigen Deckflügeln. Die schwarze Oberseite ist häufig mit Erde bedeckt.
Vorkommen In Deutschland auf trockenen, besonnten Böden.
Wissenswertes Der Käfer bewohnt trockene, sandige Felder, Weiden und Ödland und verbirgt sich tagsüber unter Steinen oder Erdklumpen. Er dringt auch in Ameisennester ein und ernährt sich von verrottenden Pflanzenresten. Die Larven leben im Boden und fressen an Pflanzen. Sie sind zuweilen an Kulturpflanzen schädlich, zumal sie häufig in Kolonien auftreten.

Typisch

- ein flügelloser Bockkäfer
- Hinterleib oval, verschiedenartig gefärbt
- in trocken-warmen Gebieten
- läuft im Frühjahr am Boden

Erdbock
Dorcadion fuliginator

Merkmale Ein flügelloser, etwa 15 mm langer Bockkäfer mit kurzen, knotigen Fühlern und ovalem Hinterleib. Die Färbung ist sehr variabel, die Flügeldecken können weiß oder hellbraun behaart, gestreift oder ganz schwarz sein.
Vorkommen In Deutschland im Westen und Südwesten. Heute selten und stark gefährdet.
Wissenswertes Den Erdbock kann man von März bis Anfang Mai auf Trockenhängen, Weiden, an Feldwegen und in Weinbergen „spazieren gehen" sehen. Seine Larven fressen an Graswurzeln und überwintern, wie auch der fertige Käfer, einmal.

Typisch

- ein sehr großer, flügelloser Blattkäfer
- Fußglieder sehr breit
- auf Trockenrasen
- frisst an Labkraut

Labkraut-Blattkäfer
Timarcha tenebricosa

Merkmale Mit bis zu 20 mm Länge der größte heimische Blattkäfer. Er ist ungeflügelt und ganz schwarz.
Vorkommen In Deutschland verbreitet, aber häufiger im Süden.
Wissenswertes Dieser wegen seiner breiten Fußglieder auch „Tatzenkäfer" genannte Blattkäfer lebt auf Trockenrasen, in Weinbergen und auf trockenen Weiden und erscheint bereits zeitig im Frühjahr. Er legt seine Eier an Labkraut ab, von dem sich Käfer und Larven ernähren. Bei Störungen spuckt der Käfer eine rötliche Flüssigkeit aus, was als „Reflexbluten" bezeichnet wird und der Feindabwehr dient.

Typisch

- Hinterleib länglich, mit dunklen Querbinden
- auf trockenen Wiesen
- Käfer und Larven fressen an Disteln

Distelgallenrüssler
Cleonus piger

Merkmale Ein großer, bis zu 15 mm langer Rüsselkäfer. Der Hinterkörper ist länglich oval und weißlich behaart mit drei undeutlichen, v-förmigen, dunklen Querstreifen. Kopf und Halsschild sind in der Mitte dunkel mit einem weißlichen Mittelstreif.
Vorkommen In Deutschland weitverbreitet.
Wissenswertes Dieser große Rüsselkäfer bewohnt trockene Wiesen, Ödland und sonnige Feldraine und lebt auf verschiedenen Korbblütlern, jedoch bevorzugt auf Disteln, von denen er sich auch ernährt. Die Larven entwickeln sich in den Stängeln und Wurzeln ihrer Nahrungspflanzen.

Typisch

- Färbung grün-golden
- fliegt und klettert sehr gut
- Feind der Schwammspinnerraupen
- wird zur Schädlingsbekämpfung eingesetzt

Großer Puppenräuber
Calosoma sycophanta

Merkmale Leicht erkennbar am breiten Körper und der grün-goldenen Färbung. Der gut fliegende Käfer wird fast 30 mm lang.
Vorkommen In Deutschland überall, aber heute selten und gefährdet. Streng geschützt.
Wissenswertes Der Große Puppenräuber klettert sehr gut und stellt den Schmetterlingsraupen, seiner Hauptnahrung, auch auf Bäumen nach, während die sehr beweglichen Larven eher am Boden jagen. Er wurde zur Bekämpfung des sehr schädlichen Schwammspinners nach Nordamerika eingeführt. Der Käfer vertilgt jährlich bis zu 400 Raupen, die Larven etwa bis zu 50.

Typisch

- sehr groß
- schwarz, Deckflügel gerunzelt
- in lichten Wäldern und im Gebüsch
- frisst Schnecken, Würmer und andere Insekten

Lederlaufkäfer
Carabus coriaceus

Merkmale Ein bis zu 40 mm langer, ungeflügelter Laufkäfer. Er ist schwarz, während die Deckflügel lederartig gerunzelt sind.
Vorkommen In Deutschland überall. Geschützt.
Wissenswertes Unser größter Laufkäfer kommt in lichten Wäldern, auf gebüschreichen Wiesen, an Waldrändern und sogar in Gärten vor. Häufiger als andere Großlaufkäfer kann man ihn auch tagsüber antreffen. Wie seine Larven ernährt er sich von Schnecken, Regenwürmern und Insekten. Er geht aber auch an Aas und zuweilen an Obst. Die Entwicklung dauert ein Jahr, die Käfer können bis zu drei Jahre alt werden.

Typisch

- bronzefarben mit blauem Rand
- Deckflügel mit drei Grübchenreihen
- in Wäldern und Gebüsch
- nützlich als Vertilger von Raupen

Hain-Laufkäfer
Carabus nemoralis

Merkmale Einer der häufigsten Großlaufkäfer. Er wird bis zu 24 mm lang und ist bronzefarben, die Ränder von Halsschild und Deckflügeln sind jedoch blau oder violett gefärbt. Die Deckflügel weisen drei Grübchenreihen auf.
Vorkommen Bei uns überall und noch häufig. Geschützt.
Wissenswertes Der Hain-Laufkäfer bewohnt sehr verschiedene Lebensräume – Feldraine und mit Gebüsch durchsetzte Wiesen ebenso wie geschlossene Wälder. Man findet ihn selbst in Gärten. Er verzehrt allerlei Kleintiere, besonders gern Schmetterlingsraupen. Daher gehört er zu den nützlichsten Laufkäfern.

Typisch

- grün-golden
- fliegt nur mit den Hinterflügeln
- auf Blüten von Rosen, Holunder und Weißdorn
- Engerlinge gern im Kompost

Gemeiner Rosenkäfer
Cetonia aurata

Merkmale Der bis zu 20 mm lange Rosenkäfer ist metallisch grün-golden bis kupfrig gefärbt. Die Deckflügel weisen einige kleine weißliche Flecke auf.
Vorkommen In Deutschland überall, in den letzten Jahren wieder häufiger.
Wissenswertes Unser häufigster Rosenkäfer. Er fliegt von Mai bis in den Hochsommer und ist auf den Blüten von Rosen, Holunder, Weißdorn und Doldenblütlern zu finden, deren Pollen er frisst. Er bewohnt sonnige Waldränder, buschreiche Wiesen und Gärten. Wie alle Rosenkäfer fliegt er sehr gewandt, da die Deckflügel beim Flug geschlossen bleiben, während die Hinterflügel unter den Deckflügeln seitlich herausgestreckt werden. Die Larven sind Engerlinge und entwickeln sich in morschem Laubholz, aber auch im Kompost und seltener in Ameisennestern. Sie verpuppen sich nach zwei oder drei Jahren in einem Kokon aus Erde oder morschem Holz.

Typisch

- leuchtend grün-golden
- Deckflügel ungefleckt
- ernährt sich von Baumsaft
- Entwicklung in Eichenmulm

Großer Rosenkäfer
Protaetia aeruginosa

Merkmale Dieser bis zu fast 30 mm messende Rosenkäfer ist glänzend hellgrün oder grün-golden gefärbt und kann wegen seiner Größe mit keiner anderen Art verwechselt werden.
Vorkommen Bei uns vor allem im Süden, aber zerstreut und selten. Streng geschützt.
Wissenswertes Dieser auch als „Großer Goldkäfer" bekannte Käfer kommt an sonnigen Waldrändern, auf Streuobstwiesen und auf von Eichengebüsch durchsetzten Trockenrasen vor. Die bis zu fast 70 mm langen Larven (Engerlinge) entwickeln sich im Verlauf von mindestens drei Jahren bevorzugt im Mulm rotfauler Eichen. Manchmal geschieht dies sogar im Wipfelbereich der Bäume, etwa in verlassenen Spechthöhlen. Die Käfer schwärmen im Mai und Juni um ihre Brutbäume und um blühendes Gebüsch und ernähren sich von ausfließendem Baumsaft. Anscheinend ist auch dieser schöne Rosenkäfer wieder etwas häufiger geworden.

Typisch

- Deckflügel gelb mit dunklen Flecken
- Halsschild lang rötlich behaart
- auf Doldenblütlern an Waldrändern

Gebänderter Pinselkäfer
Trichius fasciatus

Merkmale Leicht erkennbar an den gelben, mit einer variablen Anzahl von dunklen Flecken oder Streifen besetzten Deckflügeln und dem rötlich behaarten Kopf bzw. Halsschild. Die Käfer werden 9–12 mm lang.
Vorkommen In Deutschland vor allem im Bergland.
Wissenswertes Den Käfer kann man von Ende Mai bis Juli auf Doldenblütlern an Waldrändern und auf Waldwiesen, aber auch an Rosen oder Brombeerblüten antreffen, wo er Pollen frisst. Färbung und Behaarung ähneln sehr der von Hummeln, und vielleicht dienen sie als Warntracht, obwohl die Käfer ganz harmlos sind.

Typisch

- Männchen grün, Weibchen mit kupferroten Kopf
- auf Rosen an warmen Stellen
- Larven unter Rinde von Schlehen

Glänzender Blütenprachtkäfer
Anthaxia nitidula

Merkmale Bei diesem bis zu 6 mm langen Käfer ist das Männchen einfarbig grün, während beim Weibchen Kopf und Halsschild kupferrot und die Deckflügel grün sind.
Vorkommen In Deutschland vor allem im Süden in Wärmegebieten. Geschützt.
Wissenswertes Dieser schöne Prachtkäfer ist noch recht häufig auf blühenden Bäumen und Büschen, vor allem Rosen, anzutreffen, deren Pollen er frisst. Man sieht ihn aber auch auf gelb blühenden Wiesenblumen an Wegen, Hecken und sonnigen Waldrändern. Die Larven leben unter der Rinde von Schlehen und anderen Obstbäumen.

Typisch

- Deckflügel mit acht gelben Flecken
- am Rand trockener Kiefernwälder
- Larven in totem Kiefernholz

Achtpunkt-Kiefernprachtkäfer
Buprestis octoguttata

Merkmale Ein bis zu 18 mm langer, metallisch grünblauer Prachtkäfer mit acht gelben Flecken auf den Deckflügeln.
Vorkommen In Deutschland vor allem im Süden in Wärmegebieten, selten. Geschützt.
Wissenswertes Dieser Prachtkäfer kommt am Rand trocken-warmer Kiefernwälder vor, bevorzugt auf sandigem Boden. Die Larven leben im toten Kiefernholz, von dem sie sich ernähren, und die Käfer können im Sonnenschein auf geschlagenen Kiefernstämmen oder Klafterholz beobachtet werden. Wie alle Prachtkäfer sieht dieser sehr gut und fliegt bei Annäherung sehr rasch auf.

Typisch

- Deckflügel mit goldenen Grübchen
- an Eichen und anderen Laubbäumen
- sitzt gern auf besonnten Klaftern
- Larve lebt in totem Holz

Goldgruben-Prachtkäfer

Chrysobothris chrysostigma

Merkmale Der bis zu 15 mm lange Käfer ist kupfer- bis bronzefarben mit vier bis sechs goldenen oder kupfrigen Gruben auf den Deckflügeln.
Vorkommen Weitverbreitet und im Süden nicht selten, im Nordwesten fehlend.
Wissenswertes Einer unserer häufigsten Prachtkäfer. Er lebt an sonnigen Waldrändern, vor allem wenn dort Klafterholz von Laubbäumen gestapelt ist. Er bevorzugt Eichen, besucht aber auch andere Laubbäume und sogar alte Obstbäume. Die Larve lebt im morschen Holz kranker Bäume und in den Stämmen gefällter, noch mit Rinde bedeckter Laubbäume. Die länglichen Larven sind beinlos und haben einen breiten Kopf, einen schmalen Hinterleib und sehr kräftige Kiefer. Sie ernähren sich vom Holz ihrer Brutbäume und nagen lange Gänge ins Holz. Wie alle Prachtkäfer ist auch dieser ein Tagtier. Man findet ihn daher meist um die Mittagszeit und nur auf besonntem Holz.

Typisch

- leuchtend grün oder kupfrig mit grünem oder blauem Mittelstreif
- an besonnten Linden
- Larven unter der Rinde kranker Bäume

Großer Lindenprachtkäfer

Scintillatrix rutilans

Merkmale Der bis zu 15 mm lange Käfer ist entweder metallisch grün mit breiter blauer Binde auf den Deckflügeln oder überwiegend kupferrot mit grüner oder blaugrüner Mittelbinde.
Vorkommen In Deutschland verbreitet, aber überall selten. Geschützt.
Wissenswertes Der Käfer lebt an Linden, in denen sich auch seine Larven entwickeln. Die Bäume müssen bereits etwas geschädigt und zugleich besonnt sein. Die Larven leben unter der Rinde am Stamm und in den stärkeren Ästen und können den Baum bei starkem Befall zum Absterben bringen. Ein starker Befall kann zum Abbrechen von Ästen und damit zur Fällung der betroffenen Bäume führen, da Linden häufig Alleebäume sind. Dies entzieht dem Käfer seine Lebensgrundlage, da die Larven lebende Bäume zur Entwicklung brauchen. Die Käfer findet man im Mai und Juni auf der Sonnenseite ihrer Brutbäume auf der Rinde sitzend.

Typisch

- sehr klein, breit und kurz
- erzfarben mit zahlreichen weißen Flecken
- an Laubbäumen
- Larven sind Blattminierer

Zwergprachtkäfer
Trachys minutus

Merkmale Mit nur 3 mm Länge einer der kleinsten heimischen Prachtkäfer. Auffallend breite, kurze Gestalt. Die Oberseite ist erzfarben und weiß gefleckt.
Vorkommen In Deutschland weitverbreitet.
Wissenswertes Dieser sehr kleine, untypisch gestaltete Prachtkäfer weist eine eigenartige Entwicklung auf. Seine Larven sind Blattminierer, d.h., sie fressen das Gewebe zwischen Blattober- und -unterseite verschiedener Laubbäume. Auch die Käfer findet man auf Blättern von Weiden oder Birken und an sonnigen Waldrändern.

Typisch

- Deckflügel braun mit drei dunklen Streifen
- im Gebüsch und an Waldrändern
- Larve ist ein „Drahtwurm“
- Larven fressen an Baumwurzeln

Gebänderter Schnellkäfer
Athous vittatus

Merkmale Ein 9–11 mm langer Schnellkäfer, erkennbar an den rotbraunen Deckflügeln, die einen dunklen Mittelstreif und einen ebensolchen Seitenstreifen aufweisen. Die Oberseite ist dicht rötlich behaart.
Vorkommen In Deutschland weitverbreitet.
Wissenswertes Der recht häufige Schnellkäfer lebt an Laubbäumen, an deren Wurzeln die Larve frisst. Diese ist lang gestreckt und wird als „Drahtwurm“ bezeichnet. Bei starkem Befall können die Larven schädlich werden. Die Käfer findet man auf Blüten und Blättern auf Wiesen und Weiden, im Gebüsch und an Waldrändern.

Typisch

- braun mit zahlreichen weißen Flecken
- im Gebüsch und an Waldrändern
- räuberische Larven

Mausgrauer Schnellkäfer
Agrypnus murinus

Merkmale Ein 10–12 mm großer, recht breit gebauter Schnellkäfer. Seine dunkelbraune Grundfarbe ist an der Oberfläche von weißen und rötlichen Schuppen bedeckt, die eine unregelmäßige helle Fleckung hervorrufen.
Vorkommen In Deutschland überall bis in höhere Lagen verbreitet.
Wissenswertes Den häufigen Schnellkäfer kann man auf Feldern, Wiesen, im Gebüsch, an Wegen und Waldrändern finden, auch am Boden unter Steinen. Der Käfer ernährt sich von pflanzlichen Stoffen, während seine Larven räuberisch sind und am Boden Würmern und Insektenlarven nachstellen.

Typisch

- kleine, ovale Käfer
- gelbbraun mit dichter Behaarung
- an Himbeeren und Brombeeren
- Larven sind die Himbeermaden

Himbeerkäfer

Byturus tomentosus

Merkmale Ein ovaler, 3–5 mm großer Käfer mit gelbbrauner, dicht anliegend behaarter Oberseite.
Vorkommen In Deutschland weitverbreitet.
Wissenswertes Der Himbeerkäfer tritt etwa Mitte Mai auf, wenn seine Nahrungspflanzen, Himbeeren und seltener auch Brombeeren, zu blühen beginnen. Er frisst die Blütenknospen, später auch den Pollen, und legt seine Eier in den Blüten ab. Die Larven, die bekannten Himbeermaden, fressen die Früchte, und zwar zunächst von unten her an und dann von innen her aus. Nach der Reife fallen sie zu Boden und verpuppen sich dort.

Typisch

- Männchen geflügelt, Weibchen larvenähnlich
- im Gebüsch an Waldrändern
- räuberische Larven
- Licht entsteht durch Oxidation

Großer Leuchtkäfer

Lampyris noctiluca

Merkmale Das geflügelte Männchen wird bis zu 12 mm lang, die larvenähnlichen Weibchen erreichen 20 mm.
Vorkommen In Deutschland weitverbreitet, bis in die höheren Lagen der Alpen.
Wissenswertes Das Glühwürmchen erscheint Anfang Juni und lebt im Gebüsch und an Waldrändern, häufig in etwas feuchter Umgebung. Die Männchen suchen in der Dämmerung fliegend die Weibchen auf, die ihnen am Boden Leuchtsignale geben. Die Larven fressen Gehäuseschnecken und töten sie durch einen Giftbiss. Das Licht entsteht durch Oxidation und kann beliebig an- und ausgeschaltet werden.

Typisch

- blauschwarz mit roten Querbändern
- an Wärmestellen
- Käfer räuberisch auf Blüten
- Larven in Bienennestern

Bienenwolf

Trichodes apiarius

Merkmale Die 8–15 mm langen Käfer sind blauschwarz, die Deckflügel leuchtend rot gebändert.
Vorkommen In Deutschland verbreitet, aber nicht häufig, im Norden und Osten noch seltener.
Wissenswertes Den Bienenwolf findet man im Mai und Juni auf Blüten, vor allem denen der Doldenblütler, wo er Insekten jagt. Er bewohnt trockene Wiesen, Kalktrockenrasen und sonnige Waldränder. Die Larven leben in den Nestern von Wildbienen und den Stöcken der Honigbiene und sind räuberisch. Ob sie Bienenmaden fressen oder anderen Bienengästen nachstellen, ist noch nicht geklärt.

Typisch

- zwei Farbvarianten
- auf Pflanzen überall zu finden
- Käfer und Larven fressen Blattläuse

Zweipunkt-Marienkäfer
Adalia bipunctata

Merkmale Ein 3–5 mm großer Käfer, der in zwei Varianten auftritt: Entweder sind die Deckflügel hellrot und weisen zwei große schwarze Punkte auf oder sie sind schwarz mit vier großen roten Flecken.
Vorkommen In Deutschland weitverbreitet und häufig.
Wissenswertes Der Zweipunkt ist einer der häufigsten heimischen Marienkäfer und auf Wiesen, Gebüsch, an Waldrändern und in Gärten auf Pflanzen zu finden. Dort stellen er und seine Larven den Blattläusen und Blattflöhen nach. Ein sehr nützliches Tier, das aus diesem Grund nach Nordamerika eingeführt wurde.

Typisch

- der größte Marienkäfer
- dunkle Flecke sind hell umrandet
- auf Nadelbäumen
- Käfer und Larven fressen Blattläuse

Augenmarienkäfer
Anatis ocellata

Merkmale Mit bis zu 9 mm Länge der größte Marienkäfer. Die hellroten Deckflügel tragen zehn hell umrandete schwarze Flecke, der Halsschild ist weiß gezeichnet. Die Färbung ist aber recht variabel.
Vorkommen In Deutschland weitverbreitet bis in höhere Lagen.
Wissenswertes Dieser auffällig gezeichnete Marienkäfer lebt auf Nadelbäumen, vor allem auf Fichten. Dort stellen Käfer und Larven nicht nur den Blattläusen nach, sondern er greift auch Blattwespenlarven und kleine Schmetterlingsraupen an. Der Käfer überwintert am Fuß der Bäume in der Nadelstreu.

Typisch

- 22 Punkte auf hellgelbem Grund
- häufig und weitverbreitet, auch in Gärten
- Käfer und Larven ernähren sich von Mehltaupilzen

Zweiundzwanzigpunkt-Marienkäfer
Thea vigintiduopunctata

Merkmale Ein 3–4 mm großer, an den 22 schwarzen Punkten auf den hellgelben Deckflügeln erkennbarer Marienkäfer. Der Halsschild trägt fünf schwarze Flecke.
Vorkommen Weitverbreitet und überall häufig.
Wissenswertes Der Käfer ist überall auf Wiesen, Gebüsch, an Wald- und Wegrändern sowie in Gärten auf Pflanzen zu finden. Er sowie seine Larven ernähren sich von Mehltaupilzen auf Eichenblättern. Bei Störung gibt der Käfer aus den Kniegelenken eine übel riechende Flüssigkeit ab. Vermutlich reicht aber schon die Warntracht zur Abschreckung.

Typisch

- gelbe, dicht behaarte Deckflügel
- Käfer auf Sträuchern und Bäumen
- Larven in der Blattstreu
- Mikroorganismen im Darm

Gemeiner Wollkäfer
Lagria hirta

Merkmale Der an seinen gelbbraunen, dicht behaarten Deckflügeln erkennbare Wollkäfer wird 8–12 mm lang.
Vorkommen Weitverbreitet und häufig, bis in höhere Lagen.
Wissenswertes Der Wollkäfer ist ein Blütenbesucher, den man auf Wiesen, mit Gebüsch bestandenen Weiden, an Waldrändern und auf Waldwiesen antrifft. Die Käfer sitzen auf Blättern und Blüten und ernähren sich vor allem von jungen Trieben. Die Larven leben am Boden in der Blattstreu und fressen abgefallenes Laub. Diese wenig nahrhafte Kost verdauen sie mithilfe von im Darm lebenden Mikroorganismen.

Typisch

- Deckflügel gelbbraun, hinten klaffend
- Männchen mit verdickten Schenkeln
- gern auf Doldenblütlern
- fressen Pollen

Echter Schenkelkäfer
Oedemera podagrariae

Merkmale Ein länglicher Käfer von 10–12 mm Länge mit gelbbraunen, hinten klaffenden Deckflügeln. Die Schenkel der Männchen sind auffällig verdickt.
Vorkommen In Deutschland weitverbreitet und häufig.
Wissenswertes Dieser Käfer und seine Verwandten werden auch als „Scheinböcke" bezeichnet, weil ihre Körperform und die langen, dünnen Fühler an Bockkäfer erinnern. Man sieht sie im Frühsommer auf Doldenblütlern auf Wiesen, Weiden, Gebüschen und sonnigen Waldwiesen, wo sie Pollen fressen. Die Larven ernähren sich von Pflanzenresten und morschem Holz.

Typisch

- Oberseite ganz rot
- an Waldrändern, in lichten Laubwäldern
- Käfer und Larven räuberisch
- Larven fressen Borkenkäfer

Rotköpfiger Feuerkäfer
Pyrochroa serraticornis

Merkmale Bei diesem Feuerkäfer ist die Oberseite ganz rot, Unterseite, Fühler und Beine sind schwarz. Auffallend sind die gesägten Fühler.
Vorkommen In Deutschland verbreitet, aber nicht häufig.
Wissenswertes Dieser tagaktive Käfer bewohnt Waldränder und Wiesen in lichten Laubwäldern. Er jagt dort auf Blüten und Blättern andere Insekten. Die gleichfalls räuberischen Larven leben unter der Rinde von Baumstümpfen oder dringen in die Gänge von Holz bewohnenden Insekten ein und stellen diesen nach. Nützlich sind sie aufgrund des Vertilgens von Borkenkäfern.

Typisch

- ganz grün, blaugrün oder kupfrig
- an alten Weiden und auf Blüten
- Käfer saugen Baumsäfte
- moschusartiger Geruch

Moschusbock
Aromia moschata

Merkmale Der bis zu 35 mm lange Käfer ist grün, blaugrün, grüngolden, kupfrig oder violett gefärbt. Die Weibchen haben kürzere Fühler, bei den Männchen sind sie mehr als körperlang.
Vorkommen Verbreitet und ehemals häufig, inzwischen viel seltener, geschützt.
Wissenswertes Den Moschusbock findet man an und in der Nähe von Weidenbäumen, in denen sich die Larven entwickeln. Er ernährt sich von Baumsäften und Blütenpollen und ist daher an Holz, aber auch auf großen Blütendolden anzutreffen. Er bevorzugt Auen, Bachufer mit Weidenbestand, lichte Wälder, Parks und Gärten, sofern dort Totholz vorhanden ist. Die Flugzeit währt von Juni bis August, der Käfer fliegt bevorzugt um die Mittagszeit. Sein Name bezieht sich auf den moschusartigen Geruch, der von Hinterleibsdrüsen ausgeschieden wird. Bockkäfer heißen sie wegen der knotigen Fühler, die an das Gehörn von Steinböcken erinnern.

Typisch

- Deckflügel rot mit tropfenförmigem schwarzem Mittelfleck
- in Wärmegebieten Südwestdeutschlands
- Käfer auf Blüten

Purpurbock
Pupuricenus kaehleri

Merkmale Ein bis zu 20 mm langer Bockkäfer. Kopf und Halsschild sind schwarz, die Deckflügel purpurrot mit einem großen, tropfenförmigen schwarzen Mittelfleck. Fühler und Beine sind schwarz.
Vorkommen In Deutschland nur im Südwesten, selten. Geschützt.
Wissenswertes Der Purpurbock oder Blutbock ist eine südliche, im Mittelmeerraum heimische Art, die bei uns nur in Wärmegebieten vorkommt. Die Käfer sind im Juni und Juli im Sonnenschein auf Doldenblütlern anzutreffen, wo sie Pollen fressen, aber auch an ausfließenden Baumsäften von Laub- und Obstbäumen. Bei uns kommen sie in Weinbergen, auf Streuobstwiesen und an sonnigen Waldrändern vor. Die Larven entwickeln sich im Holz von Laubbäumen. Bockkäferlarven besitzen keine Beine, aber sehr kräftige Kiefer. Sie fressen sich durch das Holz und hinterlassen dabei für jede Art charakteristische Fraßgänge.

Gemeiner Widderbock
Clytus arietis

Typisch

- schwarz mit vier gelben Querbinden
- auf Doldenblütlern
- Larven in Laubholz
- ähnliche Arten mit etwas abweichender Zeichnung

Merkmale Ein 8–14 mm großer, schlanker Bockkäfer, dessen Deckflügel auf schwarzem Grund vier gelbe Querbinden tragen. Allerdings ist die zweite Binde auffallend v-förmig. Auch der Halsschild ist vorn gelb gesäumt. Die Fühler sind ziemlich kurz.
Vorkommen Bei uns weitverbreitet, auch im Bergland.
Wissenswertes Diesen auffällig gezeichneten Bockkäfer findet man vor allem auf den Blüten von Doldenblütlern, aber auch an Weißdorn und besonntem Holz. Die Larven entwickeln sich in verschiedenen Laubbäumen, wo sie zunächst unter der Rinde, später auch im Holz fressen.

Hornissenbock
Plagionotus detritus

Typisch

- Oberseite mit gelben Querbinden
- Wespenfärbung durch dichte Behaarung
- Larven in abgestorbenen Eichen

Merkmale Dieser Bockkäfer wird 10–18 mm lang und gleicht mit den gelb behaarten Querstreifen auf Kopf, Halsschild und Deckflügeln durchaus einer Wespe oder Hornisse.
Vorkommen Bei uns in Wärmegebieten verbreitet, aber recht selten. Auch im Bergland.
Wissenswertes Die Larven leben in toten oder kranken besonnten Eichen. Sie fressen erst unter der Rinde, später im Holz. Den Käfer kann man ebenfalls an Eichenholz, seltener auf Blüten beobachten. Vermutlich kann die wespenartige Färbung Feinde des Käfers, z. B. Vögel, täuschen und abschrecken.

Schwarzfuß-Walzenhalsbock
Phytoecia nigripes

Typisch

- Beine rot, Füße schwarz
- Halsschild rot mit zwei schwarzen Punkten
- nur in Süddeutschland
- Larven in Doldenblütlern

Merkmale Ein etwa 10–12 mm großer, grau-schwarzer Bockkäfer, leicht erkennbar an den roten Beinen mit dazu kontrastierenden schwarzen Füßen und dem roten Halsschild, der zwei schwarze Punkte aufweist.
Vorkommen In Deutschland nur im Süden und nicht häufig. Steht auf der Roten Liste.
Wissenswertes Die Larven dieses Bockkäfers entwickeln sich nicht im Holz, sondern in den Stängeln von Doldenblütlern, auf denen auch die Käfer leben. Sie kommen vor allem im Hügel- und Bergland vor; man findet sie dort auf blütenreichen Wiesen, an Wegrändern und Waldrändern.

78–79

Typisch

- Geschlechtsunterschiede
- Deckflügel der Männchen gelb, bei Weibchen rot
- Käfer häufig auf Blüten
- Larven in totem Nadelholz

Rothalsbock
Stictoleptura rubra

Merkmale Ein Bockkäfer mit auffälligem Geschlechtsunterschied. Das bis zu 16 mm große Männchen ist schlanker, hat einen schwarzen Kopf sowie Halsschild, während die Deckflügel gelb sind. Die Fühler sind viel stärker gesägt als beim bis über 20 mm langen und breiteren Weibchen. Bei ihm ist nur der Kopf schwarz, Halsschild und Deckflügel sind leuchtend rot.
Vorkommen In Deutschland weitverbreitet und häufig, auch im Bergland.
Wissenswertes Die Larven entwickeln sich in toten Fichten und Kiefern. Die Käfer besuchen Blüten an Waldrändern und auf Waldwiesen.

Typisch

- Deckflügel gelb mit schwarzen Binden
- Käfer häufig auf Doldenblütlern
- Larven in morschem Laubholz
- Käfer können zirpen

Gefleckter Schmalbock
Strangalia maculata

Merkmale Dieser schlanke Bockkäfer wird 14–20 mm lang. Kopf und Halsschild sind schwarz, die Deckflügel gelb mit drei teils unvollständigen schwarzen Querbinden. Die langen Fühler sind schwarz-gelb geringelt.
Vorkommen In Deutschland verbreitet, ziemlich häufig, auch im Bergland.
Wissenswertes Die Larven entwickeln sich in abgestorbenem Laubholz. Die Käfer sind im Sommer vor allem auf den Blüten von Doldenblütlern auf waldnahen Wiesen und an Waldrändern zu finden. Bei Störungen können die Käfer zirpen, indem sie Deckflügel und Hinterbeine aneinanderreiben.

Typisch

- Deckflügel schmal und klaffend
- alle Schenkel keulenförmig
- Larven in morschen Laubholzästen
- Käfer auf Doldenblütlern

Braunroter Spitzdeckenbock
Stenopterus rufus

Merkmale Kopf und Halsschild des 8–16 mm langen Käfers sind schwarz, die schmalen, klaffenden Deckflügel rotbraun. Der Hinterleib ist seitlich schwarz-weiß gefleckt. Vorder- und Mittelschenkel sind schwarz, die roten Hinterschenkel auffallend verdickt.
Vorkommen In Deutschland verbreitet und ziemlich häufig, auch im Bergland.
Wissenswertes Die Larven entwickeln sich in morschen Laubbaumästen. Die Käfer sind von Ende Mai bis August häufige Besucher von blühenden Doldenblütlern. Obwohl die Käfer auch im Bergland vorkommen, bevorzugen sie warme Standorte.

Typisch

- flach und breit
- Oberseite grünlich mit brauner Zeichnung
- Käfer und Larven auf Disteln
- Larven tarnen sich mit Kot

Rostiger Schildkäfer
Cassida vibex

Merkmale Bei diesem 5–8 mm großen, breiten und flachen Käfer überdecken Halsschild und Deckflügel den gesamten Körper. Er ist grün oder gelbgrün, der Hinterrand des Halsschilds und die Naht der Deckflügel sind bräunlich.
Vorkommen In Deutschland verbreitet und häufig.
Wissenswertes Die Käfer sitzen auf Blättern von Disteln an Waldrändern und auf Wiesen, wo sie ihrer Form und Farbe wegen nicht leicht zu entdecken sind. Die Larven fressen auf den gleichen Pflanzen. Sie tarnen sich mit ihrem Kot, den sie mit ihrer Schwanzgabel über den Körper halten.

Typisch

- hochgewölbt, metallisch
- rote, grüne und blaue Streifen
- Käfer tagsüber auf Thymian
- auf Berg- und Waldwiesen

Regenbogen-Blattkäfer
Chrysolina cerealis

Merkmale Der 5–8 mm große, gewölbte und metallisch glänzende Regenbogen-Blattkäfer trägt seinen Namen zu Recht, denn er ist vielfarbig leuchtend blau, grün und rot gestreift.
Vorkommen In Deutschland im Norden und im Bergland, aber nirgends häufig.
Wissenswertes Die Käfer kommen auf Wiesen und an Waldrändern vor, im Süden mehr auf Berg- und Waldwiesen. Diese müssen aber reich an Thymian sein, denn das ist ihre bevorzugte Nahrungspflanze. Die Käfer sind tagaktiv und fliegen recht ungern. Die Larven findet man auch an Gräsern.

Typisch

- schwarz, Deckflügel ziegelrot
- Käfer und Larven auf Pappeln und Weiden
- Skelettfraß
- Abwehrstoff aus Salicylsäure

Pappelblattkäfer
Melasoma populi

Merkmale Kopf und Halsschild des 10–12 mm großen Blattkäfers sind schwarzgrün oder schwarz, die Flügeldecken ziegelrot mit einem kleinen schwarzen Fleck am Ende.
Vorkommen In Deutschland verbreitet und häufig.
Wissenswertes Die bevorzugten Nahrungspflanzen sind Pappeln und Weiden an Weg- und Waldrändern, deren Blätter Käfer und Larven bis auf die Blattnerven abfressen. Die rote Farbe ist wohl eine Warntracht, denn die Käfer können ein nach Karbol riechendes Abwehrsekret ausscheiden, das aus der in den Blättern enthaltenen Salicylsäure hergestellt wird.

Sechspunkt-Langbeinblattkäfer
Lachnaea sexpunctata

Typisch

- gewölbt, Vorderkörper behaart
- Deckflügel gelbrot mit sechs schwarzen Punkten
- Vorderbeine sehr lang
- auf Eichen

Merkmale Bei diesem 8–12 mm großen Blattkäfer sind Kopf und Halsschild schwarz und behaart, die gewölbten und unbehaarten Deckflügel jedoch gelb oder gelbrot und mit sechs kleinen, schwarzen Punkten verziert. Bemerkenswert sind die im Verhältnis sehr langen Vorderbeine.
Vorkommen In Deutschland verbreitet, aber nicht häufig, häufiger im Süden.
Wissenswertes Die Käfer sind tagaktiv und bewohnen trockene und warme Eichenwälder, Waldränder und Eichengebüsch auf Trockenhängen und Wiesen. Die Eier werden in Bündeln abgelegt und vom Weibchen mit Kot getarnt.

Blauer Langbeinblattkäfer
Smaragdina salicina

Typisch

- metallisch blau, Halsschild rot
- auf Weiden, Schlehen und Weißdorn
- Larven in Kothülle an der Stammbasis

Merkmale Dieser gewölbte und auffallend metallische Blattkäfer wird 5–7 mm lang. Kopf und Deckflügel sind blauschwarz und auffällig gepunktet, der Halsschild ist leuchtend rot.
Vorkommen In Deutschland verbreitet und nicht selten.
Wissenswertes Die tagaktiven Käfer sitzen auf den Blättern von Weißdorn, Schlehen und Weiden an warmen, besonnten Waldrändern. Die Larven leben auf den gleichen Pflanzen. Die Eier werden nicht auf den Blättern abgelegt, sondern das Weibchen hüllt sie in Kot ein und lässt sie genau an die Stammbasis der Futterpflanze fallen.

Schwarzer Stachelkäfer
Hispella atra

Typisch

- schwarz, Oberseite bedornt
- Käfer auf Disteln
- Larven auf Gräsern
- Larven minieren in Blättern

Merkmale Die gesamte Oberseite des Stachelkäfers ist dicht mit langen Dornen besetzt. Auch die Seiten von Halsschild und Deckflügel sind bedornt. Der 3–4 mm lange Käfer ist schwarz.
Vorkommen In Deutschland verbreitet, aber häufiger im Süden und in Wärmegebieten.
Wissenswertes Die Käfer findet man an Disteln auf trocken-warmen Wiesen und an besonnten Weg- und Waldrändern. Sie ernähren sich von Blütenpollen. Die Larven minieren in den Blättern verschiedener Gräser, d.h., sie fressen dort Gänge, ohne die Oberfläche der Blätter zu beschädigen.

Typisch

- rot mit schwarzem Kopf
- an Haselnusssträuchern an Waldrändern
- rollt Blätter zu Tüten
- Blattrollen als Schutz für Ei und Larve

Haselblattroller

Apoderus coryli

Merkmale Der leuchtend rote, 4–7 mm große, kurze und breite Käfer hat einen dreieckigen, schwarzen Kopf und schwarze Fühler. Er gehört nicht zu den eigentlichen Rüsselkäfern.
Vorkommen In Deutschland verbreitet und häufig.
Wissenswertes Der Blattroller lebt auf Haseln an warmen Waldrändern und bekam seinen Namen aufgrund seiner Brutfürsorge. Er schneidet nämlich in einem sehr komplizierten Vorgang Blätter zu und rollt diese zu einem tütenartigen Gebilde ein, das schließlich abgeschnitten wird und zu Boden fällt. In der Rolle entwickelt sich die Larve.

Typisch

- metallisch grün oder kupfrig
- an Zitterpappeln
- rollt welkende Blätter zusammen
- Larvenentwicklung in der Rolle am Boden

Pappelblattroller

Byctiscus populi

Merkmale Der 4–6 mm lange Käfer ist grün oder kupfrig metallisch gefärbt, seine Deckflügel sind gestreift und auffallend gepunktet. Die kurzen Fühler sind gerade und am Ende verdickt.
Vorkommen In Deutschland verbreitet und häufig.
Wissenswertes Der Käfer lebt auf Zitterpappeln und ist gleichfalls ein Blattroller. Das Weibchen höhlt Blattstiele aus und rollt anschließend die welkenden Blätter zu tütenförmigen Längsrollen zusammen, die sie mit einem Sekret verklebt. In die Rolle legt es mehrere Eier. Die Larven entwickeln sich in den abfallenden Rollen am Boden.

Typisch

- gelb oder braun, weiß beschuppt
- langer, gebogener Rüssel
- Weibchen sticht Haselnüsse an
- Larvenentwicklung in der Nuss

Haselnussbohrer

Curculio nucum

Merkmale Der gelbbraun und weiß beschuppte, etwa 8 mm lange Käfer besitzt einen langen, dünnen, gebogenen Rüssel und gekniete Fühler.
Vorkommen In Deutschland verbreitet und häufig, auch im Gebirge.
Wissenswertes Der Haselnussbohrer frisst zwar an verschiedenen Laubbäumen, die Entwicklung findet aber nur in Haselnüssen statt. Im späten Frühjahr sticht das Weibchen mit dem Rüssel junge Haselnüsse an und schiebt ein Ei hinein. Die Larve frisst in der Nuss, die bald darauf abfällt. Dann verlässt die Larve die Nuss und überwintert im Boden, wo sie sich verpuppt.

Typisch

- schwarz mit weißen Querbinden
- Oberlippe schwarz
- in sandigen Kiefernwäldern und Heiden
- sieht sehr gut

Wald-Sandlaufkäfer
Cicindela sylvatica

Merkmale Ein großer, schlanker, fast 20 mm langer Sandlaufkäfer. Die Oberseite ist schwärzlich, die Deckflügel tragen drei weiße, zackige Querbinden, von denen nur die mittlere vollständig ist. Die Oberlippe ist schwarz.
Vorkommen In Deutschland nur stellenweise und selten. Geschützt.
Wissenswertes Dieser Sandlaufkäfer bewohnt sandige, offene Kiefernwälder und Heiden, wo er tagsüber auf Jagd geht. Er erbeutet Insekten und Spinnen, deren Bewegungen er aus einiger Entfernung optisch wahrnehmen kann. Gefahren vermeidet er durch einen kurzen Flug.

Typisch

- bronzefarben mit gelbem Fleck am Ende
- Augen sehr groß
- tagsüber am Waldboden
- jagt Springschwänze

Zweifleckiger Strandläufer
Notiophilus biguttatus

Merkmale Ein kleiner, 4–5 mm langer, metallisch glänzender Laufkäfer, an dem der große Kopf mit den riesigen Augen und die parallelen Stirnfurchen auffallen. Die bronzefarbenen Deckflügel sind gelb gefleckt.
Vorkommen Überall häufig.
Wissenswertes Er bewohnt trockene Wälder, Waldränder, gebüschreiche Wiesen und Feldraine und läuft dort sehr rasch im Sonnenschein an unbewachsenen Stellen oder in der Nadelstreu umher. Seine Nahrung sind Springschwänze, die der kleine Käfer mithilfe seiner großen Augen aus mehr als 10 cm Entfernung entdecken kann.

Typisch

- Käfer schlank und flach
- Deckflügel mit vier gelben Flecken
- auf Bäumen unter Rinde
- nachtaktiver Jäger

Vierfleckiger Rennläufer
Dromius quadrimaculatus

Merkmale Dieser schlanke, flache Laufkäfer wird 5–6 mm lang. Der Halsschild ist rot, Kopf und Deckflügel sind dunkel. Die Deckflügel sind hinten abgestutzt und weisen vier große gelbe Flecke auf.
Vorkommen In Deutschland überall verbreitet, häufig.
Wissenswertes Ein baumbewohnendes Tier, das an und unter der Rinde verschiedener Bäume in Wäldern, Parks und Alleen lebt. Der nachtaktive Käfer steigt bis in die Baumkronen hoch. Er jagt auf dem Stamm und den Ästen kleine Insekten und Spinnen. Im Winter findet man ihn unter der Rinde an der Stammbasis.

Typisch

- goldgrün mit drei Rippen auf den Deckflügeln
- Rippen dunkel
- in Laub- und Mischwäldern
- Käfer und Larven sind Räuber

Goldglänzender Laufkäfer
Carabus auronitens

Merkmale Die Deckflügel des goldgrünen, 20–30 mm langen Käfers tragen drei nicht unterbrochene Rippen. Er unterscheidet sich vom ähnlichen Goldlaufkäfer durch die dunklen Rippen und das rote erste Fühlerglied.
Vorkommen In Deutschland verbreitet und häufig, auch im Gebirge bis über 2000 m. Geschützt.
Wissenswertes Einer der häufigsten Großlaufkäfer in Wäldern aller Art. Obwohl er eigentlich ein Nachttier ist, kann man ihn gelegentlich tagsüber auf Waldwegen antreffen. Er ernährt sich von verschiedenen Insekten und ihren Larven, Spinnen, Schnecken und Regenwürmern, die er mithilfe seines Geruchssinns aufspürt. Der Käfer überwintert in Baumstümpfen und unter Rinde. Die Larven sind räuberisch wie die Käfer, kommen aber nur nachts aus ihrem Versteck hervor. Sie verpuppen sich nach dreimaliger Häutung, die Jungkäfer erscheinen im September.

Typisch

- bronzeschwarz mit schwarzen Beinen
- Deckflügel mit großen goldenen Gruben
- in Laub- und Mischwäldern
- Larven überwintern

Gartenlaufkäfer
Carabus hortensis

Merkmale Wegen der auffallend goldenen Grübchen auf den Deckflügeln wird der Gartenlaufkäfer auch „Goldgruben-Laufkäfer" genannt. Der 20–30 mm lange, ziemlich gewölbte Käfer ist schwarz oder dunkelbronzefarben. Die Deckflügel sind fein gestreift und mit drei Reihen großer Grübchen verziert.
Vorkommen In Deutschland verbreitet und ziemlich häufig, auch im Gebirge bis über 2000 m. Geschützt.
Wissenswertes Trotz seines Namens ist dieser Käfer ein Waldtier, das in Laub- und Mischwäldern, Parks und dichten Hecken und Gebüsch lebt. Den ungeflügelten Käfer bekommt man tagsüber nur selten zu Gesicht. Er sowie seine Larven jagen Insekten, Spinnen, Schnecken und Regenwürmer. Bei der Nahrungssuche helfen ihnen die dicht mit Geruchssinnesorganen besetzten Fühler und Mundwerkzeuge. Das Auge spielt dagegen wie bei allen Großlaufkäfern nur eine geringe Rolle.

Typisch

- tiefblau, Deckflügel mit Kettenstreifen
- in Laub- und Mischwäldern
- im Hügelland und im Gebirge
- überwintert in Baumstümpfen

Dunkelblauer Laufkäfer
Carabus intricatus

Merkmale Einer der schönsten heimischen Großlaufkäfer. Die Deckflügel des bis zu 35 mm langen, tiefblauen Käfers sind flach und weisen drei Kettenstreifen auf. Dazwischen sind sie dicht gerunzelt.
Vorkommen In Deutschland im Norden seltener als im Süden. Geschützt.
Wissenswertes Ein Bewohner der Buchenwälder im Hügelland und im Gebirge. Man findet den Käfer am häufigsten in Baumstümpfen und unter der Rinde, wo er auch überwintert. Wie alle Großlaufkäfer ist er ein Räuber, der allerlei Kleintiere jagt. Gelegentlich kann man ihn tagsüber antreffen.

Typisch

- Deckflügel flach und oval
- kupferrot mit tiefen, roten Grübchen
- im Mittelgebirge und in den Alpen
- in feuchten Buchenwäldern

Schluchtwald-Laufkäfer
Carabus irregularis

Merkmale Ein bis zu 30 mm langer Käfer mit auffallend flachen Deckflügeln. Er ist kupferrot bis rötlich bronzefarben, die Deckflügel weisen drei unregelmäßige Punktreihen auf. Die großen Grübchen sind leuchtend rot oder rotgolden.
Vorkommen In Deutschland vor allem im Mittelgebirge und in den Alpen. Geschützt.
Wissenswertes Der Käfer bewohnt feuchte Buchenwälder mit dichtem Unterwuchs, wie sie an Nordhängen der Mittelgebirge und in mittleren Höhen der Alpen zu finden sind. Er bevorzugt Wälder auf Kalkboden. Er frisst vor allem Schnecken, die er nachts jagt.

Typisch

- schwarz bis bronzefarben, Ränder verschiedenfarbig
- Deckflügel fast glatt
- in lichten Wäldern
- mehrere Unterarten

Goldleiste
Carabus violaceus

Merkmale Ein ungemein variabel gefärbter, bis zu 30 mm langer Käfer mit gewölbten, meist ungestreiften Deckflügeln, die dunkelbronzefarben bis schwarz sein können. Die Ränder von Halsschild und Deckflügeln sind golden, rot, grün, blau oder violett gefärbt.
Vorkommen In Deutschland überall bis in höhere Lagen. Geschützt.
Wissenswertes Dieser Käfer zeigt eine sehr wenig spezialisierte Lebensweise. Er kommt in lichten Wäldern, aber auch in Hecken, Gärten und auf dicht bewachsenen Wiesen vor. Die Art umfasst mehrere geringfügig verschiedene Unterarten.

Typisch

- schwarz, Deckflügel hochgewölbt
- Kopf und Halsschild schmal, Kiefer sehr lang
- in feuchten Wäldern
- jagt Schnecken

Körniger Schaufelläufer
Cychrus caraboides

Merkmale Das mattschwarze, 12–20 mm lange Tier besitzt hochgewölbte, ovale Deckflügel, einen schmalen Halsschild und einen langen Kopf mit ungewöhnlich langen, geraden Kiefern.
Vorkommen Überall bis ins Gebirge.
Wissenswertes Ein Bewohner feuchter, dunkler Wälder, im Gebirge auch auf Bergwiesen. Das nachtaktive Tier versteckt sich tagsüber unter Holz, Steinen und Moos, nachts geht es auf Jagd nach Schnecken und Würmern. Mit dem schmalen Vorderkörper kann es tief in Schneckenhäuser eindringen und die Schnecken mit den pinzettenförmigen Kiefern packen.

Typisch

- schwarz, Deckflügel regelmäßig gestreift
- Wälder, Gebüsche, Wiesen
- nachtaktiver Jäger
- jagt Schnecken

Schwarzer Grabkäfer
Pterostichus niger

Merkmale Mit 15–20 mm Länge ein recht großer Vertreter einer sehr artenreichen Gattung der Laufkäfer. Er ist schwarz, die Deckflügel sind gestreift und weisen einige Tasthaare auf.
Vorkommen Bei uns überall häufig, bis ins Gebirge.
Wissenswertes Eine sehr häufige Art der Wälder, Gärten, gebüschreichen Wiesen und Felder. Der Käfer ist wie seine Larven nachtaktiv und jagt Insekten, Würmer und Schnecken. Tagsüber ist er unter Steinen, Holz und Moos zu finden. Die Larven verpuppen sich in einer Puppenwiege im Boden, wo auch die Käfer überwintern.

Typisch

- schwarz, Deckflügel gestreift, ohne Punkte
- Wälder, Gebüsche, Wiesen
- nachtaktiver Jäger
- Larve überwintert

Großer Breitkäfer
Abax parallelepipedus

Merkmale Ein ähnlicher und mit 16–22 mm Länge auch ebenso großer, schwarzer Laufkäfer wie der vorige. Seine Deckflügel weisen aber keine Tasthaare auf.
Vorkommen In Deutschland überall, bis ins Gebirge.
Wissenswertes Einer der häufigsten Laufkäfer. Er bevorzugt Laubwälder auf lehmigem oder kalkigem Boden, ist aber auch an Waldrändern, auf dicht bewachsenen Wiesen und Feldern und an Wegrainen zu finden. Ebenfalls ein nachtaktives, räuberisches Tier, das man tagsüber unter Steinen, Holz und Moos finden kann. Ein Sommertier, dessen Larven überwintern.

94–95

Typisch

- schwarz, breit und sehr flach
- Deckflügel hinten abgestutzt
- unter lockerer Pappelrinde
- jagt Borkenkäfer und ihre Larven

Platter Stutzkäfer
Hololepta plana

Merkmale Der breite, flache, schwarze Käfer wird 8–9 mm lang. Die Deckflügel sind abgestutzt, sodass die beiden letzten Hinterleibsringe sichtbar sind. Der kleine Kopf ist tief in den Halsschild eingezogen. Die Fühler sind knopfförmig, die Schienen flach und außen gezähnt.
Vorkommen In Deutschland weitverbreitet.
Wissenswertes Wie die Gestalt dieses Käfers vermuten lässt, lebt er unter der Rinde von Laubbäumen, vor allem von Pappeln. Dort jagen der Käfer und seine Larven andere Rinden bewohnende Insekten, besonders Borkenkäfer und ihre Larven.

Typisch

- ovaler, kahnförmiger Körper
- Deckflügel hinten abgestutzt
- schwarz, Deckflügel mit vier roten Flecken
- an verpilztem Holz

Vierfleck-Kahnkäfer
Scaphidium quadrimaculatum

Merkmale Ein 5–6 mm langer, gewölbter, ovaler, glänzend schwarzer Käfer mit vier gezackten, roten Flecken auf den Deckflügeln. Die ovale Körperform verhalf ihm zum Namen „Kahnkäfer". Er ist mit den Kurzflügelkäfern verwandt, wie die hinten abgestutzten Deckflügel zeigen.
Vorkommen In Deutschland verbreitet, aber häufiger im Süden.
Wissenswertes Der Käfer und seine Larven leben an totem, verpilztem Holz, an abgestorbenen Bäumen, Baumschwämmen und in verpilztem Moos am Boden, viel seltener an Röhrenpilzen. Käfer und Larven ernähren sich von Pilzen.

Typisch

- breiter, flacher Körper
- schwarz, Halsschild rot
- an Aas, Kot und Pilzen
- Larven frei herumlaufend

Rothalsige Silphe
Oeceoptoma thoracica

Merkmale Dieser 12–16 mm lange Aaskäfer ist an seinem roten Halsschild zu erkennen. Kopf und Deckflügel sind schwärzlich, Letztere weisen drei schmale Längsrippen auf.
Vorkommen In Deutschland verbreitet und häufig.
Wissenswertes Diesen Aaskäfer kann man auch tagsüber in Wäldern aller Art, an Waldrändern, im Gebüsch und an Wegen finden. Er ist nicht nur an Aas und Kot anzutreffen, sondern er ernährt sich auch von faulenden Pilzen. Eine bevorzugte Nahrung sind Stinkmorcheln. Die breiten, beweglichen Larven findet man häufig gemeinsam mit dem Käfer.

Typisch

- schwarz, Deckflügel mit gezackten, roten Binden
- Fühler mit Endkeule
- an kleinerem Aas
- hoch entwickelte Brutpflege

Gemeiner Totengräber

Necrophorus vespilloides

Merkmale Der längliche, 12–20 mm große Aaskäfer ist schwarz, doch die unbehaarten, am Ende verkürzten Flügeldecken weisen zwei gezackte, rotgelbe Binden auf.
Vorkommen In Deutschland verbreitet und häufig.
Wissenswertes Dies ist einer der für die Umwelt wichtigsten Käfer, da er das Amt des „Leichenbestatters" versieht. Er kommt in Wäldern, an Waldrändern und auf waldnahen Wiesen vor und hat einen hoch entwickelten Geruchssinn. Riecht er Aas, fliegt er an und ruft durch Wedeln mit dem Hinterleib einen Partner herbei, mit dem er gemeinsam das Aas vergräbt. Dazu wird es zunächst untergewühlt, danach in einen Gang hineingepresst und zu einer Aaskugel geformt. Schließlich legt das Weibchen dort mehrere Eier ab, sodass sich die Larven später vom Aas ernähren können. Jedoch fressen sie nicht direkt daran, sondern werden zuerst vom Weibchen gefüttert. Die Fütterung ist wohl für eine erfolgreiche Entwicklung wichtig.

Typisch

- schwarz, Oberseite lederartig gerunzelt
- Deckflügel mit drei schmalen Rippen
- an feuchten Stellen in Wäldern
- frisst Schnecken

Schwarzer Schneckenjäger

Phosphuga atrata

Merkmale Der ovale, 10–16 mm lange Aaskäfer ist glänzend schwarz. Die Deckflügel tragen drei schmale Längsrippen, dazwischen sind sie lederartig gerunzelt. Der kleine Kopf ist schnauzenartig vorgestreckt.
Vorkommen In Deutschland verbreitet und häufig.
Wissenswertes Der Käfer lebt in Wäldern, an Hecken, Feldrainen und auf feuchten Wiesen. Er versteckt sich unter Steinen, Holz, Rinde und Moos, wobei sein flacher Körper nützlich ist. Wie seine Larven ernährt er sich vornehmlich von Schnecken, frisst aber auch Würmer. Die Schnecken findet er anhand ihres Geruchs, etwa indem er der Schleimspur folgt. Mit seinem schmalen, langen Kopf kann er Gehäuseschnecken bis tief in ihr Haus verfolgen. Er tötet die Schnecke durch einen Giftbiss und verdaut sie vor dem Mund. Seine Larve jagt mit der gleichen Methode.

Typisch

- klein, kurz und breit, bräunlich
- Fühler mit gekämmter Keule
- Entwicklung in rotfaulen Eichen
- hoch entwickelte Brutpflege

Kurzhornschröter

Aesalus scarabaeoides

Merkmale Mit nur 5–7 mm Länge unser kleinster Hirschkäfer. Er ist kurz und breit und bräunlich gefärbt. Charakteristisch für ihn wie für alle Hirschkäfer ist die gekämmte Fühlerkeule.
Vorkommen Zerstreut und selten in wärmeren Gebieten. Geschützt.
Wissenswertes Dieser kleine Hirschkäfer bewohnt Laubwälder, bevorzugt Eichen, seltener Buchen. Die Entwicklung der Larven dauert zwei oder drei Jahre und erfolgt in rotfaulen Eichen oder Buchen, deren Holz außen noch fest ist. Er bevorzugt Bäume in mäßig feuchter Umgebung oder mit dichtem Unterholz.

Typisch

- mittelgroß, schwärzlich
- geringe Geschlechtsunterschiede
- an morschen Eichen und Buchen
- Käfer können empfindlich zwicken

Balkenschröter

Dorcus parallelipipedus

Merkmale Der zweitgrößte deutsche Hirschkäfer wird 20–30 mm lang. Er ist dunkelbraun und zeigt geringe Geschlechtsunterschiede. Das Männchen besitzt einen breiteren Kopf, größere Kiefer und einen gröber punktierten Halsschild.
Vorkommen In Deutschland verbreitet und stellenweise noch häufig. Geschützt.
Wissenswertes Der Käfer lebt in Laubwäldern und bevorzugt das morsche Holz von Eichen oder Buchen. Die Entwicklung dauert zwei bis drei Jahre. Die Käfer ernähren sich von Baumsäften und man kann sie an warmen Tagen auf Wegen laufen oder abends fliegen sehen.

Typisch

- Kopf mit einem Horn
- Halsschild ausgehöhlt
- in morschem Holz von Laubbäumen
- in höheren Lagen

Kopfhornschröter

Sinodendron cylindricum

Merkmale Bei diesem 12–16 mm langen, glänzend schwarzen Käfer tragen beide Geschlechter ein Horn am Kopf. Beim Männchen ist es länger, die Aushöhlung des Halsschildes ist tiefer und seitlich stärker gezähnt.
Vorkommen Vor allem in höheren Lagen, ziemlich selten. Geschützt.
Wissenswertes Dieser Käfer bevorzugt alte, ungestörte Laubwälder im Mittelgebirge und in den Alpen, ist aber nirgends häufig. Die Larvenentwicklung verläuft im weißfaulen Holz verschiedener Laubbäume und dauert drei bis vier Jahre. Der Käfer ist häufig mit Baumschwämmen vergesellschaftet.

Typisch

- Männchen mit Geweih, Weibchen mit kurzen Zangen
- Geweih wird zu Rivalenkämpfen benutzt
- Entwicklung in morschem Eichenholz

Hirschkäfer

Lucanus cervus

Merkmale Unser größter Hirschkäfer, dessen Männchen bis zu 80 mm lang werden können, während die Weibchen höchstens 40 mm erreichen. Das Männchen trägt das bekannte Hirschgeweih, das je nach Größe des Tiers unterschiedlich imposant sein kann. Das Weibchen besitzt nur starke Zangen.

Vorkommen Zerstreut und selten in wärmeren Gebieten. Streng geschützt.

Wissenswertes Der Hirschkäfer bewohnt warme Laubwälder, bevorzugt Eichenwälder. Er ernährt sich von Baumsäften, die er mit seiner pinselartigen Zunge aufleckt. Die Entwicklung verläuft in morschem Eichenholz und dauert vier bis sieben Jahre. Ausgewachsene Larven können bis zu 10 cm lang werden. Die Käfer fliegen von Juni bis in den August, leben aber nur etwa einen Monat lang. Weil die Entwicklung so lange dauert und viele Wälder inzwischen recht aufgeräumt sind, ist der Käfer inzwischen selten geworden.

Typisch

- Männchen mit Horn, Weibchen hornlos
- ursprünglich in Eichenwäldern
- Larven heute häufiger in Kompost und Sägemehl

Nashornkäfer

Oryctes nasicornis

Merkmale Ein großer, brauner, gewölbter Käfer mit deutlichem Geschlechtsunterschied. Die Larven werden, je nach Lebensbedingungen, 20–40 mm lang. Das Männchen besitzt ein je nach Größe des Tiers verschieden langes Horn, das Weibchen ist hornlos.

Vorkommen Zerstreut und selten in wärmeren Gebieten. Geschützt.

Wissenswertes Auch der Nashornkäfer ist ursprünglich in warmen Eichenwäldern heimisch, wird aber heute eher in großen Haufen von Holzabfällen oder verrottendem Stroh und in Komposthaufen gefunden, da sein eigentlicher Lebensraum inzwischen selten geworden ist. Er nimmt aber lokal wieder zu. Die Käfer fliegen an warmen Abenden im Juni und Juli. Sie ernähren sich vermutlich von Baumsäften. Die Larvenentwicklung dauert drei bis fünf Jahre. Das Horn der Männchen dient den Rivalenkämpfen um Reviere und Weibchen.

Frühlingsmistkäfer
Geotrupes vernalis

Typisch

- blau oder grün, Deckflügel glatt
- in warmen Wäldern auf Sandboden
- Nahrung der Larven ist Kot
- hoch entwickelte Brutpflege

Merkmale Der hochgewölbte, blau, grün oder blauviolett gefärbte Käfer wird 12–20 mm lang und besitzt eine besonders glatte Oberfläche.
Vorkommen In Deutschland zerstreut.
Wissenswertes Der tagaktive Mistkäfer erscheint schon im Vorfrühling. Dann läuft er in offenen Wäldern mit sandigem Boden auf Wegen auf der Suche nach Kot herum. Unter einem Kothaufen gräbt das Paar eine trichterförmige Grube, von der mehrere mit Kot gefüllte Vorratsgänge abzweigen. Darunter gräbt es einen senkrechten Gang, der mit einer Kotpille gefüllt und mit einem Ei belegt wird.

Eremit
Osmoderma eremita

Typisch

- braunschwarz, etwas metallisch
- Käfer und Larven in Baumhöhlen
- Nahrung der Larven ist Holzmulm
- streng geschützt

Merkmale Der große, bis fast 40 mm lange Käfer ist braunschwarz mit leichtem Metallschimmer. Die Oberseite ist dicht punktiert und gerunzelt.
Vorkommen Zerstreut und selten. Streng geschützt.
Wissenswertes Diesen mit den Rosenkäfern verwandten Käfer bekommt man nur selten zu Gesicht. Denn er sowie seine Larven leben in mit morschem Holz gefüllten Baumhöhlen, die auch die Käfer nur selten verlassen. Die Höhlen befinden sich häufig ziemlich hoch am Stamm, bevorzugt an Laubgehölzen. Das auch „Juchtenkäfer" genannte Tier verströmt einen starken Duft.

Walker
Polyphylla fullo

Typisch

- Deckflügel schwarz-weiß gesprenkelt
- in lichten Kiefernwäldern
- Käfer frisst Kiefernnadeln
- Larven im Boden an Wurzeln

Merkmale Der bis zu 35 mm große, mit dem Maikäfer verwandte Käfer ist auf den Deckflügeln dicht und unregelmäßig schwarz-weiß gesprenkelt.
Vorkommen Zerstreut und recht selten. Geschützt.
Wissenswertes Der Walker bewohnt lichte Kiefernwälder, kommt aber auch auf Dünen und mit Kiefern bestandenen Trockenhängen und selbst in Weinbergen vor. Seine Nahrung sind Kiefernnadeln. Er fliegt im Juni und Juli in der späten Abenddämmerung. Die Eier werden im Boden abgelegt, wo auch die Larven leben und an Wurzeln fressen. Die Entwicklung dauert bis zu drei Jahre.

104–105

Typisch

- weiße Dreiecke am Hinterleib
- Fühlerkeule beim Männchen länger als beim Weibchen
- Käfer fressen Blätter
- Larven im Boden an Wurzeln

Feldmaikäfer

Melolontha melolontha

Merkmale Der aus Literatur und Liedern bekannte Feldmaikäfer wird 20–30 mm lang.
Vorkommen Bei uns früher überall häufig, heute vielerorts selten.
Wissenswertes Nach dem Ausschlüpfen Anfang Mai schwärmen die Käfer abends um Laubbäume an Waldrändern, von deren Blättern sie sich ernähren. Früher haben die Käfer in den „Maikäferjahren" ganze Wälder entlaubt und große Schäden angerichtet. Die Weibchen legen die Eier auf Wiesen und Weiden am Boden ab, und die Engerlinge leben im Boden und ernähren sich von Wurzeln. Bei Massenbefall können auch sie schädlich werden. Die Entwicklung dauert drei bis vier Jahre. Daher kommen Massenauftreten in drei- oder vierjährigem Zyklus vor. Obwohl der Maikäfer in vielen Gegenden selten geworden ist, wird seine Entwicklung vor allem in Obstanbaugebieten genau beobachtet, indem man die Larvendichte bestimmt.

Typisch

- „Schwanz" am Ende des Hinterleibs etwas knotig
- Wälder auf Sandboden
- periodisches Massenauftreten biologisch vorteilhaft

Waldmaikäfer

Melolontha hippocastani

Merkmale Mit bis zu 25 mm Länge ist er etwas kleiner als sein Verwandter und von diesem nur am etwas abweichend geformten „Schwanz" am Ende des Hinterleibs unterscheidbar.
Vorkommen Bei uns vor allem im Norden und Osten, aber auch in der Oberrheinebene.
Wissenswertes Auch der Waldmaikäfer fliegt im Mai und Juni und frisst vor allem die Blätter von Eichen und Buchen, geht aber auch an Nadelhölzer. Er bevorzugt lichte Wälder auf Sandboden und Heidegebiete. Seine Larven fressen an den Wurzeln von Gräsern und krautigen Pflanzen. Auch bei ihm kommt es zu Massenvorkommen. Die Schäden sind groß, da viele Wälder ohnehin durch Wassermangel oder Schadstoffe geschwächt sind. Ein Massenauftreten ist durchaus von Vorteil für den Käfer, weil Fressfeinde nicht ebenso zahlreich an der gleichen Stelle sein können, sodass prozentual mehr Käfer den Feinden entgehen.

Typisch

- braun, silbern gestreift und geschuppt
- in lichten Kiefernwäldern
- Larven in morschem Kiefernholz
- Käfer flugtüchtig und scheu

Marienprachtkäfer
Chalcophora mariana

Merkmale Dieser größte deutsche Prachtkäfer wird bis zu 35 mm lang. Er ist bronzebraun gefärbt und weißlich oder silbern gestreift und beschuppt. Die Unterseite ist kupferrot.
Vorkommen Bei uns sehr zerstreut und selten. Geschützt.
Wissenswertes Dieser große Prachtkäfer bewohnt lichte Kiefernwälder. Mit etwa Glück kann man ihn sehen, wenn er sich auf abgestorbenen oder gefällten Kiefernstämmen sonnt. Er ist jedoch sehr scheu und fliegt bei Störung sofort ab. Die bis zu 80 mm langen, schlanken Larven entwickeln sich in morschen Kiefernstämmen und Baumstümpfen.

Typisch

- schwarz, Deckflügel rot
- Halsschild raspelartig gezähnt
- Larven in hartem, frischem Holz
- symbiontische Bakterien im Darm

Roter Kapuzinerkäfer
Bostrychus capucinus

Merkmale Der größte deutsche Bohrkäfer wird 8–14 mm lang. Der Körper ist walzenförmig, Kopf und Halsschild sind schwarz, die Deckflügel karminrot. Der Kopf ist unter den raspelartig gezähnten Halsschild eingezogen.
Vorkommen Zerstreut und selten.
Wissenswertes Die Larven des Käfers leben in frisch totem, hartem Holz, in das sie tiefe Gänge bohren. Das Holz muss besonnt sein, da es nicht faulen soll, wodurch die Nährstoffe zerstört würden. Auch die Käfer bohren Gänge ins Holz und fressen das Bohrmehl, das sie mithilfe von Bakterien verdauen.

Typisch

- Männchen schwarz, Weibchen mit gelbbraunen Deckflügeln
- Käfer sehr kurzlebig
- Larven in morschem Holz
- Larvennahrung sind Pilze

Sägehörniger Werftkäfer
Hylocoetus dermestoides

Merkmale Der zylindrische, weichhäutige Werftkäfer wird 6–18 mm lang. Die Männchen sind meist schwarz, die Weibchen orange mit gelbbraunen Deckflügeln.
Vorkommen Weitverbreitet und nicht selten.
Wissenswertes Die sehr kurzlebigen Käfer findet man auf Stämmen in Laubwäldern, seltener auf Nadelbäumen. Die Larven leben in absterbendem Holz. Das Weibchen versieht seine Eier mit Pilzsporen, und die Larven bohren Gänge ins Holz, in denen sich die Pilze entwickeln. Diese stellen die Larvennahrung dar, während das abgenagte Holzmehl ins Freie geschafft wird.

Typisch

- schwarz, lang gestreckt und flach
- Deckflügel mit vier roten Flecken
- in Nadelwäldern
- Käfer und Larven jagen Borkenkäfer

Vierfleckiger Kiefernglanzkäfer

Glischrochilus quadripunctatus

Merkmale Ein 6–7 mm langer Glanzkäfer mit flachem, lang gestrecktem Körper. Er ist glänzend schwarz, die Deckflügel tragen vier große, rote Flecke. Halsschild und Deckflügel sind dicht punktiert. Beim Männchen ist der Kopf erheblich größer als beim Weibchen.
Vorkommen Verbreitet und nicht selten.
Wissenswertes Der Kiefernglanzkäfer kommt in Nadelwäldern vor und lebt dort unter der Rinde von Kiefern, im Bergland auch unter der von Fichten und Tannen. Käfer und Larven stellen verschiedenen Borkenkäfern nach. Die Larven verfolgen diese sogar in ihre Gänge.

Typisch

- flach, lang gestreckt
- schwarzbraun, mit sehr langen Fühlern
- unter loser Rinde von Laubbäumen
- vermutlich räuberisch

Langhörniger Raubplattkäfer

Uleiota planata

Merkmale Ein flacher, lang gestreckter, 5–6 mm langer Käfer mit sehr langen Fühlern. Der Körper ist schwärzlich oder braun, Fühler und Beine sind rötlich. Die Deckflügel sind seitlich scharf gerippt und in der Mitte gestreift sowie punktiert.
Vorkommen Verbreitet.
Wissenswertes Der Käfer und seine Larven leben häufig in Gruppen unter der losen Rinde verschiedener Laubbäume, aber auch von Kiefern. Käfer und Larven werden als räuberisch bezeichnet, aber vermutlich fressen sie nicht nur die Larven anderer Holz bewohnender Insekten, sondern auch an Baumpilzen.

Typisch

- schmal, lang gestreckt
- schwarz, Deckflügel vierfleckig
- unter loser Buchenrinde
- Larven jagen Borkenkäferlarven in ihren Gängen

Schwarzroter Rindenkäfer

Bitoma crenata

Merkmale Dieser sehr lange, schmale und zylindrische Käfer wird nur 2,5–3,5 mm lang. Er ist schwarz, die Deckflügel sind vorn und hinten rot gefleckt. Sie sind gestreift und tief punktiert, die Zwischenräume sind kielförmig erhaben. Der Halsschild weist vier Längsrippen auf.
Vorkommen Weitverbreitet und häufig.
Wissenswertes Der Käfer und seine Larven leben unter der losen Rinde von abgestorbenen Buchen und anderen Laubbäumen. Die Käfer findet man auch an trockenen Baumschwämmen. Seine Larven verfolgen die Larven von Borkenkäfern in deren Bohrgänge.

Typisch

- klein, hochgewölbt
- schwarz, Deckflügel mit zwei roten Flecken
- in Wäldern an Baumschwämmen
- Käfer und Larven fressen an Pilzen

Rotfleckiger Faulholzkäfer
Tritoma bipustulata

Merkmale Ein kleiner, 3–4 mm langer, ovaler und hochgewölbter Vertreter einer in den Tropen artenreichen Familie. Die schwarzen Deckflügel sind seitlich vorn mit zwei großen, roten Flecken verziert. Die gesamte Oberseite ist fein punktiert.
Vorkommen Verbreitet und nicht selten.
Wissenswertes In Laub- und Nadelwäldern vom Flachland bis in höhere Lagen unter verpilzter Rinde und an Baumschwämmen. Die Käfer ernähren sich wie ihre Larven von Pilzen und überwintern auch in den Baumschwämmen. Die Verpuppung der Larven geschieht jedoch in der Erde.

Typisch

- rot mit schwarzen Flecken
- an Baumpilzen an Buchen und Birken
- Käfer und Larven sind Pilzfresser
- Käfer ahmt Marienkäfer nach

Scharlachroter Stäublingskäfer
Endomychus coccineus

Merkmale Der 4–6 mm lange Käfer ist leuchtend rot, aber Kopf, ein Mittelfleck auf dem Halsschild und vier große Flecke auf den Deckflügeln sind schwarz.
Vorkommen Verbreitet und nicht selten.
Wissenswertes Die Käfer und ihre Larven ernähren sich von Baumpilzen und bewohnen vor allem alte, verpilzte Stümpfe oder Stämme von Birken und Buchen, wo sie unter der lockeren Rinde oder an Baumschwämmen sitzen. Das mit den Marienkäfern verwandte Tier täuscht Fressfeinde mit seiner auffallenden Färbung, obwohl es im Gegensatz zu Marienkäfern durchaus genießbar ist.

Typisch

- schwarzblau, laufkäferartig
- Deckflügel mit acht bis neun Längsstreifen
- an verschiedenen Laubbäumen
- Larven in verpilztem Holz

Schwarzblauer Düsterkäfer
Melandrya caraboides

Merkmale Der 12–16 mm lange, schlanke Käfer wird seiner Form halber häufig für einen Laufkäfer gehalten, gehört aber zu einer ganz anderen Familie. Er ist grau- oder blauschwarz, die Deckflügel sind gestreift. Die Augen sind nierenförmig.
Vorkommen Verbreitet und nicht selten.
Wissenswertes Die Larven entwickeln sich in verpilztem Holz verschiedener Laubbäume oder unter deren Rinde, manchmal auch direkt in Baumschwämmen. Die Käfer sind nachtaktiv und auf oder unter der Rinde ihrer Fraßbäume anzutreffen. Sie bevorzugen mäßig feuchte Lebensräume.

112–113

Typisch

- sehr groß, mit breitem Halsschild
- Männchen mit körperlangen Fühlern
- Larven in toten Kiefern
- Entwicklung dauert vier Jahre

Mulmbock

Ergates faber

Merkmale Mit bis zu 50 mm Länge einer der größten heimischen Bockkäfer. Das Männchen ist heller braun als das Weibchen, seine Fühler sind viel länger. Der Halsschild ist seitlich fein gezähnt.
Vorkommen In Deutschland nur noch sehr zerstreut und selten. Geschützt.
Wissenswertes Der Mulmbock ist ein Sommer- und Herbsttier. Er kommt vor allem an Kiefern vor, im Bergland auch an Fichte, Tanne und Lärche. Die bis zu 80 mm langen Larven bohren im Splintholz toter Bäume, vor allem an sonnigen Waldrändern oder auf Kahlschlägen, und verarbeiten das Holz zu Mulm.

Typisch

- gedrungen, braun
- Männchen mit auffallend gesägten Fühlern
- Larven im Wurzelstock von Laubbäumen
- Käfer können zirpen

Sägebock

Prionus coriarius

Merkmale Ein gedrungener, 20–45 mm langer Bockkäfer mit etwas glänzender, brauner Oberseite und gezähntem Halsschild. Die Fühler der Männchen sind stärker gesägt als die der Weibchen.
Vorkommen Weitverbreitet und noch verhältnismäßig häufig. Geschützt.
Wissenswertes Der Sägebock ist ein Nachttier, das im Juli und August gern ans Licht fliegt. Er bewohnt Laubwälder mit alten Bäumen, kommt aber auch in Alleen vor. Die Larven fressen zunächst unter der Rinde, später im Wurzelholz. Sie brauchen drei Jahre bis zur Verpuppung. Die Käfer fressen nicht mehr.

Typisch

- groß, Deckflügel mit vier Rippen
- nachtaktiv, tagsüber versteckt
- in Wärmegebieten
- Larven in verschiedenen Laubbäumen

Körnerbock

Megopis scabricornis

Merkmale Ein großer, 30–50 mm langer, schmaler, lang gestreckter Bockkäfer mit vier Längsrippen auf den Deckflügeln. Er ist rotbraun bis braun, die Augen sind auffallend nierenförmig und die Fühler beim Männchen über körperlang, beim Weibchen kürzer.
Vorkommen Bei uns nur in Wärmegebieten und sehr selten. Geschützt.
Wissenswertes Ein nachtaktiver Käfer, der im Juli und August fliegt. Tagsüber hält er sich unter Rinde oder in den Fraßgängen der Larven auf. Er bewohnt offene Wälder und Streuobstwiesen. Seine Larven entwickeln sich in Laub- und Obstbäumen.

114–115

Typisch

- groß, konische Deckflügel
- Männchen mit sehr langen Fühlern
- Nachttier, fliegt im Juni und Juli
- an alten, absterbenden Eichen

Großer Heldbock

Cerambyx cerdo

Merkmale Mit über 50 mm Länge einer der größten heimischen Bockkäfer. Die schwärzlichen Deckflügel sind am Ende bräunlich. Der runzlige Halsschild ist seitlich gezähnt. Die Fühler der Weibchen sind körperlang, die der Männchen erreichen die doppelte Länge.
Vorkommen Früher weitverbreitet, heute nur noch zerstreut und selten. Geschützt.
Wissenswertes Der Eichenbock ist heute nur noch in Wärmegebieten zu finden. Er besiedelt große, absterbende, aber noch nicht tote, besonnte Eichen, seltener Buchen oder Ulmen. Er ist ein Relikt alter Eichenurwälder, kommt aber auch in Hartholzauen und Parks mit alten Bäumen vor. Dieses Nachttier fliegt in warmen Nächten im Juni und Juli. Der tagsüber im Brutgang versteckte Käfer ernährt sich von Baumsäften. Die Larven fressen zunächst direkt unter der Rinde, im zweiten Jahr im Splintholz und im dritten Jahr im Kernholz.

Typisch

- blau mit schwarzen Flecken
- Käfer tagaktiv auf Buchenholz
- Larven in geschädigten Buchen
- vor allem in den Alpen

Alpenbock

Rosalia alpina

Merkmale Dieser besonders schön gefärbte Bockkäfer wird 20–40 mm lang. Er ist hellblau und mit großen schwarzen Flecken verziert. Die beim Männchen über körperlangen Fühler sind auffallend hellblau und schwarz geringelt.
Vorkommen Bei uns nur im Süden und vor allem in den Alpen, in den Mittelgebirgen nur Restvorkommen. Geschützt.
Wissenswertes Der Alpenbock ist für den Buchengürtel der Mittelgebirge und der Alpen typisch. Er steigt bis über 1600 m empor und wurde mit Buchenholz auch in Gebiete verschleppt, in denen er nicht heimisch ist. Er besiedelt geschädigte Buchen an besonnten Stellen an Waldrändern und auf Windbrüchen. Im Sonnenschein kann man den tagaktiven Käfer mittags auf Buchenstämmen, an Klafterholz oder auf Blüten antreffen. Die Larve frisst vor allem in der äußeren Holzschicht. Wovon sich der Käfer ernährt, ist ungeklärt.

116–117

Zimmermannsbock
Acanthocinus aedilis

Typisch
- unscheinbar gefärbt
- Männchen mit extrem langen Fühlern
- Tagtier, lebt an toten Kiefern
- Larven unter der Rinde

Merkmale Dieser unscheinbare und mit seiner graubraunen Behaarung gut getarnte Bock wird 12–20 mm lang. Die Fühler der Männchen können die fünffache Körperlänge erreichen, die der Weibchen sind viel kürzer.
Vorkommen Früher verbreitet, heute nur noch zerstreut und selten. Geschützt.
Wissenswertes Es ist nicht leicht, den tagaktiven Käfer an geschlagenen Kieferstämmen oder Baumstümpfen zu erkennen. Seltener besucht er andere Nadelbäume. Er ernährt sich von Kiefernnadeln, Rinde und Bast, die Larven fressen sich ins Holz unter der Rinde toter Kiefern.

Schwarzfleckiger Zangenbock
Rhagium mordax

Typisch
- Deckflügel gelb und schwarz gefleckt
- Fühler sehr kurz
- mittags auf Blüten und an Holz
- Larven unter Laubholzrinde

Merkmale Der 14–22 mm große Bockkäfer ist an den sehr kurzen Fühlern und den gelblich umrandeten schwarzen Flecken auf den grau marmorierten Deckflügeln zu erkennen.
Vorkommen Verbreitet und recht häufig. Geschützt.
Wissenswertes Er bewohnt Laub- und Laubmischwälder, seltener Nadelwälder. Die Käfer kann man mittags auf Blüten oder an Laubholzklaftern beobachten. Die Larven leben unter der Rinde von Buchen und Eichen, fressen aber nur die Rinde und nicht das Holz. Die Käfer überwintern in der Puppenwiege und erscheinen schon recht zeitig im Frühjahr.

Großer Pappelbock
Saperda carcharias

Typisch
- Deckflügel gelb behaart
- Fühler lang und geringelt
- Käfer an Pappeln und Weiden
- Larven bohren im Holz

Merkmale Die Deckflügel des 20–25 mm großen Pappelbocks sind dicht gelb behaart mit zahlreichen kleinen, schwarzen Punkten. Helldunkel geringelte Fühler.
Vorkommen Verbreitet und recht häufig, aber vor allem im Flachland. Geschützt.
Wissenswertes Der Pappelbock benötigt Lebensräume mit Pappeln oder Weiden. Die Käfer sitzen tagsüber an Stämmen oder auf Blättern und ernähren sich von Pappelblättern. Sie fliegen gut und können hörbar zirpen. Die Larven leben zunächst unter der Rinde von jungen Pappeln, später im Holz, in das sie tiefe Gänge bohren.

Typisch

- auffällig weiß gefleckt
- Rüssel breit, Fühler nicht gekniet
- an verpilztem Laubholz
- Käfer und Larven fressen Baumpilze

Großer Breitrüssler
Anthribus albinus

Merkmale Der 6–12 mm lange Käfer ist hellgrau oder braun bis fast schwarz. Der Kopf, zwei kleine Flecke auf der Mitte der Flügeldecken und deren Ende sowie das achte Fühlerglied sind auffallend weiß behaart. Auch die braun-schwarz geringelten Beine sind an einigen Stellen weiß gefleckt. Halsschild und Deckflügel sind auffällig höckrig. Der Rüssel ist sehr breit, die Fühler sind nicht gekniet.
Vorkommen Verbreitet und nicht selten.
Wissenswertes Diesen Käfer findet man in lichten Laubwäldern und an sonnigen Waldrändern an Holzstößen, Baumstümpfen und verrottenden Stämmen. Trotz der auffälligen weißen Flecke sind die wenig aktiven Käfer an verpilztem Holz sehr gut getarnt, auch wegen ihrer höckrigen Oberfläche. Die Larven fressen tiefe Gänge im toten Holz von Laubbäumen und verpuppen sich auch darin. Käfer und Larven ernähren sich von Baumpilzen.

Typisch

- rot mit schwarzem Kopf
- Rüssel breit, Fühler nicht gekniet
- an Eichen
- Weibchen rollt Eichenblätter ein

Eichenblattroller
Attelabus nitens

Merkmale Ein 4–6 mm langer Käfer mit breitem, kurzem Hinterleib und ziemlich dickem Rüssel. Halsschild und Deckflügel sind rot, der Kopf ist schwarz. Die nicht geknieten Fühler sind am Ende verdickt.
Vorkommen Verbreitet und nicht selten.
Wissenswertes Der Käfer besiedelt Laubwälder, Waldränder und Eichengebüsch auf Trockenhängen. Nach der Paarung schneidet das Weibchen ein Eichenblatt von den Seiten bis zur Mittelrippe ein, klappt beide Seiten zur Mitte und rollt dann das Blatt von der Spitze her ein. In diese Tüte legt es das Ei. Die Larve ernährt sich von dem Blatt, bis dieses verwelkt und zu Boden fällt. Sie überwintert in ihrem Blattwickel und verpuppt sich im Boden. Manchmal wird der Blattwickel von einer Larve eines Kuckucksrüsslers genutzt. Dieser stellt selbst keine Blattwickel her, sondern legt sein Ei in den eines Eichenblattrollers.

120–121

Typisch

- Deckflügel gefurcht, braun gefleckt
- Rüssel breit, Fühler gekniet
- Käfer schädlich durch Blattfraß
- Larven an Wurzeln

Gefurchter Dickmaulrüssler
Otiorrhynchus sulcatus

Merkmale Dieser 9–10 mm große Käfer gehört zu einer artenreichen Gruppe von Rüsslern, von denen einige schädlich sind. Er ist schwarz gefärbt mit kleinen braunen Flecken auf den tief gefurchten Deckflügeln.
Vorkommen Verbreitet und häufig.
Wissenswertes Der Käfer lebt auf krautigen Pflanzen und Gebüsch an Waldrändern und auf Wiesen, aber auch auf Feldern, wo er durch Blatt- oder Knospenfraß schädlich ist. Man erkennt seine Anwesenheit an den am Rand angenagten Blättern. Die Larven fressen im Boden an Wurzeln, wodurch auch sie Schaden anrichten können.

Typisch

- Deckflügel mit schrägen gelben Binden
- in Nadelwäldern
- durch Rindenfraß oft sehr schädlich
- Larven im Boden an Baumwurzeln

Fichtenrüsselkäfer
Hylobius abietis

Merkmale Der 12–14 mm lange Käfer ist leicht an den aus gelben Tupfen bestehenden schrägen Binden auf den Deckflügeln zu erkennen.
Vorkommen Weitverbreitet und häufig.
Wissenswertes Ein Tier der Nadelwälder und dort bevorzugt an Fichten, aber auch an Lärchen und Kiefern. Bei Massenauftreten ist er ein gefürchteter Schädling, weil er durch Rindenfraß die Leitungsbahnen der Bäume zerstört und sie dadurch zum Absterben bringt. Im Frühjahr bevorzugt er junge Bäume, später geht er auf ältere über. Er kann mehrfach überwintern und bis zu sechs Jahre alt werden.

Typisch

- sehr klein, ganz rot
- Deckflügel gestreift und behaart
- an Ulmen
- Larve miniert in Ulmenblättern

Roter Springrüssler
Rhynchaenus rufus

Merkmale Ein knapp 3 mm langer, hellrot oder hellbraun gefärbter Käfer mit gestreiften, aufrecht behaarten Deckflügeln. Auffallend sind die dicken Hinterschenkel.
Vorkommen Zerstreut und selten.
Wissenswertes Der Käfer bewohnt lichte Laubwälder und Parks, lebt aber ausschließlich auf Ulmen, von deren Blättern er sich ernährt. Die Larve miniert in den Blättern, d.h. sie frisst zwischen Ober- und Unterseite des Blatts. Der Käfer trägt seinen Namen zu Recht, denn die dicken Hinterschenkel erlauben ihm recht weite Sprünge. Er gilt als gefährdete Art.

122–123

Typisch

- schwarz, Deckflügel vierfleckig
- an sandigen und kiesigen Ufern
- Käfer und Larven sind Räuber
- Larven nur nachts unterwegs

Kleiner Kreuz-Ahlenläufer

Bembidion femoratum

Merkmale Der etwa 5 mm lange Laufkäfer gehört zu einer artenreichen Gruppe sehr ähnlicher Arten. Er ist schwarz, doch die Deckflügel weisen vier große, hellgelbe Flecke auf.
Vorkommen Verbreitet und recht häufig.
Wissenswertes Ein Bewohner sandiger und kiesiger, aber auch lehmiger Ufer. Der Käfer verbirgt sich unter Steinen oder Kies, bei Sonnenschein läuft er auf Nahrungssuche herum. Ein flinkes Tier, das im Uferbereich kleine Insekten und deren Larven jagt. Auch die Larven sind räuberisch, kommen aber nur nachts aus ihrem Versteck.

Typisch

- grünlich, Deckflügel mit violetten Gruben und Spiegelfeldern
- auf feuchtem Boden
- Tagtiere mit großen Augen

Kleiner Uferläufer

Elaphrus riparius

Merkmale Der grünlich metallische Käfer wird 6–7 mm lang. Die Deckflügel weisen große, braun-violette Gruben sowie je zwei glänzende sogenannte Spiegelfelder auf. Die großen Augen ragen seitlich weit hervor.
Vorkommen Verbreitet und häufig.
Wissenswertes Die tagaktiven Tiere laufen im Sonnenschein auf feuchtem, schütter bewachsenem Boden, an Ufern, auf Wiesen und in lichten Auwäldern herum. Es sind Augentiere, die ihre Beute, kleine Insekten und Spinnen, optisch wahrnehmen. Trotz ihrer lebhaften metallischen Färbung sind sie recht gut getarnt.

Typisch

- schwarz, Kopf rostrot
- Beine lang und dünn
- an schattigen Schotterufern
- Käfer und Larven räuberisch

Rotköpfiger Dammläufer

Nebria picicornis

Merkmale Dieser 10–14 mm große Käfer ist schwarz, Kopf und Fühler sind hingegen rostrot, die auffallend langen Beine gelbrot gefärbt. Der Halsschild ist herzförmig.
Vorkommen Bei uns nur im Süden und ziemlich selten.
Wissenswertes Dieser wegen seiner langen Beine sehr flinke Käfer verbirgt sich tagsüber unter Steinen, Laub oder Grasbüscheln. Er bewohnt feuchte Orte, vor allem schattige Kies- und Schotterufer von Flüssen und Bächen, aber auch Auwälder und Sumpfwiesen. Nachts jagt er dort allerlei kleine Insekten und ihre Larven sowie Spinnen und Würmer.

Typisch

- sehr schmal, lang gestreckt
- Deckflügel rot, schwarz gesäumt
- an Ufern, in feuchten Sümpfen und Mooren
- überwintert in Halmen

Sumpf-Halsläufer

Odacantha melanura

Merkmale Dieser eigenartige, sehr lang gestreckte, farbenfrohe Käfer wird 7–8 mm lang. Der Kopf und der lange, schlanke Hals sind grünlich schwarz gefärbt, die langen, schmalen Deckflügel orangerot und am Ende schwarz gesäumt.

Vorkommen Bei uns nur stellenweise und selten. Eine gefährdete Art.

Wissenswertes Dieser Laufkäfer kommt in Mooren und Sumpfgebieten sowie an mit Seggen und Röhricht bestandenen Gewässerufern vor. Man findet ihn auf feuchtem Boden unter Holz, Steinen, Blättern, im Moos und in Gras- und Seggenbülten. Er klettert gut und wird gelegentlich an Gras- und Schilfhalmen angetroffen. Der Käfer überwintert in den Halmen hoher Sumpfpflanzen, in denen sich auch die Larven entwickeln. Bei Hochwasser steigt der Käfer an und in den Halmen bis über die Wasserlinie empor. Er jagt kleine Insekten, vermutlich hauptsächlich Springschwänze.

Typisch

- gelbbraun, marmoriert
- Weibchen mit deutlichen Furchen
- in Gewässern aller Art
- Käfer und Larven räuberisch

Gemeiner Furchenschwimmer

Acilius sulcatus

Merkmale Der Käfer wird 15–18 mm lang und hat einen ovalen, flachen Körper sowie gelblich braune, schwarz marmorierte Deckflügel. Der Halsschild weist zwei breite, schwarze Querbinden auf. Die Hinterbeine sind abgeflacht und dicht mit langen Haaren besetzt.

Vorkommen Verbreitet und ziemlich häufig.

Wissenswertes Der Furchenschwimmer bewohnt stehende Gewässer und ist selbst in kleinen Tümpeln und größeren Pfützen anzutreffen. Trocknen diese aus, sucht er sich fliegend ein neues Gewässer. Käfer und Larven leben räuberisch. Während der Käfer seine Beute zerstückelt, saugt die Larve sie mit ihren röhrenförmigen Zangen aus. Eiablage und Verpuppung finden außerhalb des Wassers statt. Das Männchen besitzt Saugscheiben an den Vorderfüßen, mit denen es sich bei der Paarung am Weibchen festklammert. Dieses weist tiefe Rillen auf den Deckflügeln auf.

Typisch

- Deckflügel grünlich, mit gelbem Rand
- in stehenden Gewässern mit Ufervegetation
- Käfer und Larven räuberisch
- fliegt sehr gut

Gemeiner Gelbrand
Dytiscus marginalis

Merkmale Mit bis zu 35 mm Länge ist der Gelbrand einer der größten Schwimmkäfer. Das Männchen ist schwarzgrün und besitzt glatte Deckflügel. Diese sind beim Weibchen bräunlich grün gefärbt und gefurcht. An den Vorderfüßen der Männchen sitzen ein sehr großer und ein etwas kleinerer Saugnapf, dazu noch etwa 150 sehr kleine Saugnäpfe.
Vorkommen Verbreitet und häufig.
Wissenswertes Der Gelbrand kommt in stehenden Gewässern vor, sofern diese reich an Wasserpflanzen sind und eine dichte Ufervegetation aufweisen. Er schwimmt und taucht hervorragend, muss jedoch in regelmäßigen Abständen zum Luftholen auftauchen. Er jagt unter Wasser andere Insekten und ihre Larven, Kaulquappen und Jungfische. Die Larve hängt lauernd an der Wasseroberfläche. Das Weibchen legt die Eier mithilfe ihres Legebohrers in die Stängel von Wasserpflanzen. Die erwachsene, bis zu 80 mm lange Larve verpuppt sich am Ufer in einer Puppenwiege aus Erde und Speichel.

Typisch

- Körperform sehr oval
- gelber Rand schmal, verschwindet hinten
- in Deutschland selten
- Larve lauert zwischen Wasserpflanzen

Gaukler
Cybister lateralimarginalis

Merkmale Der Gaukler ist dem Gelbrand sehr ähnlich und mit 28–36 mm Länge auch von gleicher Größe. Er ist jedoch viel ovaler geformt, und der gelbe Seitenrand ist schmaler und verschwindet am Ende der Deckflügel.
Vorkommen Viel seltener als der Gelbrand. Gefährdet.
Wissenswertes Der Gaukler lebt ähnlich wie der Gelbrand. Das Schwimmen und Tauchen ermöglichen die langen, dicht stehenden Haare an den Hinterbeinen, die sich beim Rudern aufrichten. Außerdem kann der Käfer sein spezifisches Gewicht durch Aufnahme von Luft in den Enddarm verändern, was für das Tauchen wichtig ist. Die Larve verbirgt sich zwischen Wasserpflanzen, wo sie auf ihre Beute lauert. Gaukler und Gelbrand können gut und weit fliegen. Sie tun das meistens nachts und orientieren sich dabei optisch. Daher landen sie manchmal auf Dächern, Straßen und Flugplätzen, da sie deren glänzende Oberfläche mit einem Gewässer verwechseln.

Typisch

- oval, metallisch glänzend
- Mittel- und Hinterbeine schaufelförmig
- Augen zweigeteilt
- jagt auf der Wasseroberfläche

Gemeiner Taumelkäfer

Gyrinus substriatus

Merkmale Mittel- und Hinterbeine des 5–6 mm langen, glänzenden Käfers sind zu kurzen, breiten, ruderartigen Schwimmbeinen umgestaltet. Die kurzen Fühler teilen die Augen vollständig in zwei Hälften.
Vorkommen Verbreitet und häufig.
Wissenswertes Der Taumelkäfer bekam seinen Namen aufgrund seiner kreiselförmigen Bewegungen auf der Wasseroberfläche. Er bewohnt stehende und langsam fließende Gewässer mit ausreichend offenen Wasserflächen. Meistens kommt er in Gruppen vor, die in rasender Geschwindigkeit auf der Wasseroberfläche umherfahren. Sie jagen Insekten, die auf das Wasser fallen. Dabei helfen ihnen die Fühler, die auch kleinste Erschütterungen wahrnehmen, sowie die zweigeteilten Augen, mit denen sie zugleich über und unter Wasser sehen können. Wegen des Luftvorrats unter ihren Deckflügeln müssen sich Taumelkäfer beim Tauchen an Wasserpflanzen anklammern.

Typisch

- groß, oval, grünlich glänzend
- schwimmen mit abwechselnden Beinschlägen
- physikalische Kieme
- Eier in Blattschiffchen

Großer Kolbenwasserkäfer

Hydrous piceus

Merkmale Der lang ovale, grünlich schwarze Käfer wird bis zu 50 mm lang. Mittel- und Hinterbeine sind zu Schwimmbeinen umgestaltet. Die Fühler sind sehr kurz, dafür sind die Kiefertaster verlängert und übernehmen die Funktion der Fühler.
Vorkommen Heute selten geworden. Geschützt.
Wissenswertes Der Käfer schwimmt mit abwechselnden Schlägen der Mittel- und Hinterbeine. Er bewohnt größere, pflanzenreiche Gewässer. Er ernährt sich von Wasserpflanzen, die Larve ist räuberisch und jagt Kleintiere, die sie vor dem Mund verdaut. Dieser Käfer besitzt eine physikalische Kieme, also einen dichten, mit Luft gefüllten Haarbesatz an der Bauchseite, in den aus dem Wasser Sauerstoff einströmt. Dies ist in warmen Gewässern mit wechselndem Sauerstoffgehalt wichtig. Die Weibchen weben aus einem treibenden Blatt mit einem Sekret ein Schiffchen, in dem sie die Eier ablegen.

Typisch

- mittelgroß, hochgewölbt
- Deckflügel grünlich, mit drei Streifen
- in pflanzenreichen Gewässern
- Larve zwischen Pflanzen

Kleiner Kolbenwasserkäfer
Hydrochara caraboides

Merkmale Ein hochgewölbter, 14–18 mm langer Schwimmkäfer mit schwarzer, grünlich schimmernder Oberfläche und tief gestreiften Deckflügeln.
Vorkommen Früher verbreitet und häufig, heute ziemlich selten.
Wissenswertes Diese Art besiedelt pflanzenreiche, flache Gewässer unterschiedlicher Größe und ernährt sich von Wasserpflanzen. Die räuberische Larve schwimmt wenig, sondern hält sich ständig zwischen Pflanzen an der Wasseroberfläche auf. Ihre Beute verdaut sie vor dem Mund, meist außerhalb des Wassers, da dort die Verdauungssäfte besser wirken.

Typisch

- klein, schwarz, glänzend
- Deckflügel punktiert und gestreift
- in sonnigen, stehenden Gewässern
- gern an der Wasseroberfläche

Braunfüßiger Wasserkäfer
Hydrobius fuscipes

Merkmale Der kleine, 6–9 mm lange Käfer ist schwarz, aber mit bronzenem Glanz. Die gestreiften Deckflügel sind zwischen den Streifen noch grob punktiert. Die Beine sind gelblich.
Vorkommen Verbreitet, vom Flachland bis ins Gebirge.
Wissenswertes Ein weitverbreiteter Wasserkäfer kleiner, sonniger, stehender Gewässer, den man häufig an der Oberfläche schwimmend sieht. Durch die abwechselnden Bewegungen der Schwimmbeine sieht seine Fortbewegung recht ungeschickt aus. Der Käfer ernährt sich von Wasserpflanzen, die Larven von kleinen Insekten und ihren Larven.

Typisch

- klein, hochgewölbt
- in schattigen Quellrieseln
- Käfer schwimmt nicht
- Atmung mit physikalischer Kieme

Latreilles Hakenkäfer
Elmis latreillei

Merkmale Ein gewölbter, 4–5 mm langer Käfer mit punktierten und gestreiften Deckflügeln, der metallisch schwarz bis schwarz-grünlich gefärbt ist.
Vorkommen Im Berg- und Hügelland und in den Alpen, aber nicht häufig. Gefährdet.
Wissenswertes Dieser Wasser bewohnende Käfer schwimmt nicht, sondern klettert mithilfe seiner großen Fußklauen am Boden, an Steinen oder auf Pflanzen in schattigen Bergbächen und Quellrieseln herum. Er ernährt sich von Algen und anderen pflanzlichen Stoffen. Die Atmung erfolgt mittels der physikalischen Kieme an der Bauchseite.

Typisch

- auffallend rot-schwarzblau
- tagaktiv an Ufern
- Käfer und Larven räuberisch
- kann bei Gefahr ein ätzendes Sekret abgeben

Uferkurzflügler
Paederus litoralis

Merkmale Der schlanke, auffallend rot und schwarz oder schwarzblau gefärbte Kurzflügler wird 7–8 mm lang.
Vorkommen Verbreitet und nicht selten.
Wissenswertes Dieser flinke, tagaktive Käfer lebt an Ufern und auf feuchten Wiesen, bevorzugt auf sandig-lehmigem Boden. Dort jagt er Schnecken, kleine Insekten und deren Larven. Die Larven leben ebenfalls räuberisch an Ufern unter Laub und Steinen. Bei Gefahr spreizt der Käfer die Kiefer und hebt den Hinterleib. Er kann auch eine ätzende Flüssigkeit abgeben, aber meist genügt schon seine auffällige Warnfärbung.

Typisch

- schwarz, Deckflügel rot gefleckt
- tagaktiv an Ufern
- jagt Springschwänze mit einem vorschnellbaren Fangschlauch

Hellbeiniger Schmalräuber
Stenus bimaculatus

Merkmale Ein schlanker, schwarzer, 6–7 mm langer Kurzflügler mit je einem roten Punkt auf den Deckflügeln und den hellen Beinen. Die Oberseite ist dicht punktiert. Schwierig von den zahlreichen ähnlichen Arten zu unterscheiden.
Vorkommen Verbreitet und häufig.
Wissenswertes Ein Uferkäfer an Flüssen, Bächen und Seen, der eine besondere Jagdtechnik zeigt. Seine Beute, vor allem Springschwänze, packt er mithilfe eines vorschnellbaren, langen Fangschlauchs, der aus der Unterlippe besteht und am Ende einen Klebapparat aufweist, an dem die Beute festklebt.

Typisch

- mehr oder weniger leuchtend kupferrot
- Körper lang gestreckt
- an Igelkolben im Röhricht
- Larven atmen Luft aus der Futterpflanze

Schilfkäfer
Donacia marginata

Merkmale Der kupferrot gefärbte Schilfkäfer wird 8–12 mm lang, wobei die Weibchen meist größer sind als die Männchen. Die Deckflügel sind kräftig punktiert gestreift.
Vorkommen Verbreitet und nicht selten.
Wissenswertes Der Schilfkäfer kommt an stehenden Gewässern mit dichtem Röhrichtbestand vor. Dort lebt er vor allem an Igelkolben, von denen er sich auch ernährt. Die Käfer steigen durchaus ins Wasser hinab, wo auch die Eiablage erfolgt. Die Larven fressen an den unterirdischen Teilen der Pflanzen, deren Luftkanäle sie zum Atmen anbohren.

Typisch

- flach, bräunlich
- auf Blättern von Wasserpflanzen
- fressen Wasserpflanzen
- keine Anpassungen an das Leben unter Wasser

> Seerosenblattkäfer

Galerucella nymphaea

Merkmale Der 6–7 mm lange, längliche und flache Käfer ist braun gefärbt, doch sind die Seitenränder heller. Seine Färbung ist recht variabel.
Vorkommen Verbreitet und nicht selten.
Wissenswertes Der Käfer lebt an See- und Teichrosen sowie einigen anderen Wasserpflanzen. Da er zuweilen auch Erdbeeren verzehrt, ist er auch als „Erdbeerkäfer" bekannt. Die Käfer ernähren sich jeweils nur von einer einzigen Pflanzenart. Die auf Seerosen lebenden Käfer und ihre Larven fressen Gänge in die obersten Schichten der Schwimmblätter, und zwar so, dass die Unterseite der Blätter erhalten bleibt. So kann das Blatt nicht sinken oder überflutet werden, da weder Käfer noch Larven unter Wasser atmen können. Sie überwintern an Land unter Laub oder Rinde. Paarung und Eiablage finden im Frühjahr statt, sobald die jungen Seerosenblätter an die Oberfläche steigen.

Typisch

- sehr groß, flügellos
- schwarz mit gelben Flecken
- an Pestwurz
- Larven leben im Boden an Wurzeln

Großer Pestwurzrüssler

Liparus glabrirostris

Merkmale Mit bis über 20 mm Länge der größte heimische Rüsselkäfer. Er ist gedrungen und hochgewölbt, die Deckflügel sind oval. Seine schwarze Oberseite ist mit gelben Flecken besetzt, die aus sehr dichten Haarbüscheln bestehen. Der flugunfähige Käfer bewegt sich sehr gemächlich. Auffallend sind die sehr breiten, rundlichen Fußglieder mit dichten Haftpolstern, die dem Käfer auf Blättern Halt geben.
Vorkommen In den Alpen und den Mittelgebirgen nicht selten.
Wissenswertes Dieser große Rüsselkäfer lebt an Pestwurz, Huflattich und Bärenklau, deren Blätter er benagt. Man findet ihn auf Pestwurzfluren in feuchten Bergwäldern, in Auwäldern und entlang von Bächen und Flüssen. Seine Anwesenheit verrät er durch die Fraßspuren an den großen Pestwurzblättern. Die Larven leben unterirdisch und fressen an den Wurzelstöcken der Fraßpflanzen.

Interview mit dem Autor

Herr Dr. Baehr, wie Sie sind denn überhaupt zu Käfern gekommen?
Das war während meines Biologiestudiums durch mehrere Exkursionen nach Südfrankreich und Nordspanien in Verbindung mit entomologischen Bestimmungsübungen der Universität Tübingen. Da habe ich die Bestimmung der gesammelten Käfer übernommen – mit Ausnahme der Laufkäfer, die heute meine bevorzugten Studienobjekte sind. Im Anschluss daran durch einige mehrjährige Untersuchungen der Laufkäferfauna an verschiedenen Standorten in Baden-Württemberg.

Wo arbeiten Sie aktuell und an welchem Projekt?
Ich bin als Leiter der Käfersammlung der Zoologischen Staatssammlung München zwar pensioniert, arbeite aber täglich in der Sammlung. Ein wichtiges Projekt ist ein Buch über die australischen Laufkäfer, mit Bestimmungsschlüsseln für die über 300 dort vorkommenden Gattungen. Außerdem arbeite ich an mehreren Monografien über sehr artenreiche Laufkäfergruppen Australiens und Neuguineas, in denen zahlreiche neue Arten beschrieben werden.

Haben Sie einen Lieblingskäfer? Warum ist es gerade dieser?
Ja, eine Art der seltsam gestalteten australischen Pseudomorphini. Mit dieser fast nur in Australien beheimateten, sehr eigentümlichen Unterfamilie der Laufkäfer habe ich mich länger beschäftigt. Die Art (*Sphallomorpha quadrilineata*) ist wunderbar gelb-schwarz längs gestreift und lebt unter der lockeren Rinde von Eukalyptusbäumen. Das einzige bisher bekannte Tier habe ich selbst in Nordaustralien gesammelt und beschrieben.

Haben Sie schon spannende Exkursionen unternommen?
Die meisten meiner zahlreichen außereuropäischen Sammel- und Forschungsreisen habe ich in fast alle Teile Australiens gemacht. Einige haben mich in sehr abgelegene Gegenden geführt, die selbst mit dem Allradfahrzeug nicht leicht erreichbar sind. Abgesehen von sehr interessanten Sammelergebnissen hatte ich dabei immer wieder mehr oder weniger angenehme, aber im Nachhinein erzählenswerte Erlebnisse: Man bleibt mit dem Auto im Sand oder Schlamm stecken, was in weitläufig unbewohnten Gegenden unangenehm ist; man stolpert in dichtem Gebüsch über Krokodile oder Giftschlangen; man bleibt sprichwörtlich in der Vegetation stecken; man kämpft mit Landblutegeln oder dem mörderisch heißen und feuchten Klima in Nordaustralien; aber man sieht auch wunderbare Landschaften, erlebt nachts einen strahlenden, kaum vorstellbar sternenreichen Südhimmel, beobachtet seltsame Pflanzen und Tiere, lernt sehr interessante und nette Menschen kennen und erfährt andererseits das Erlebnis absoluter Einsamkeit und Stille.

Zum Weiterlesen

Heiko Bellmann
Der neue Kosmos Insektenführer

24,99 EUR [D]
448 Seiten
1.454 Abbildungen
Klappenbroschur (2 Klappen)
ISBN: 978-3-440-11924-2
Art.-Nr.: 11924
19,5 x 13,5 cm (LxB)

Mit fast 1.000 Arten der umfassende Überblick über die Fülle unserer Insektenwelt

Heiko Bellmann,
Der neue Kosmos Schmetterlingsführer

26,90 EUR [D]
448 Seiten
1.172 Abbildungen
Klappenbroschur (2 Klappen)
ISBN: 978-3-440-11965-5
Art.-Nr.: 11965
19,3 x 13,2 cm (LxB)

Erstmals Falter, Raupen und Futterpflanzen in einem Band

Harde/Severa
Der Kosmos Käferführer

14,95 EUR [D]
352 Seiten
1.130 Abbildungen
Klappenbroschur
ISBN: 978-3-440-12364-5
Art.-Nr.: 12364
18 x 10,7 cm (LxB)

Das unentbehrliche Standardwerk rund um die Biologie der Käfer

Register

Impressum

Mit 205 Farbfotos von Heiko Bellmann

Bilder auf der hinteren Umschlagseite von Heiko Bellmann.
Sie zeigen von links nach rechts:
Junikäfer, Mondhornkäfer, Großer Kolbenwasserkäfer

Zeichnungen auf der vorderen Klappenaußenseite von Wolfgang Lang

Umschlaggestaltung von eStudio Calamar
unter Verwendung eines Fotos von Heiko Bellmann
Es zeigt einen Marienkäfer

Trotz sorgfältiger Prüfung und Recherche sind alle Angaben in diesem Buch ohne Gewähr. Eine Garantie oder Haftung des Autors, des KOSMOS-Verlags oder von ihm beauftragter Personen sind ausgeschlossen.

Unser gesamtes lieferbares Programm und viele weitere Informationen zu unseren Büchern, Spielen, Experimentierkästen, DVDs, Autoren und Aktivitäten finden Sie unter **kosmos.de**

FSC www.fsc.org
MIX
Papier aus verantwortungsvollen Quellen
FSC® C015829

Gedruckt auf chlorfrei gebleichtem Papier

ISBN 978-3-440-13116-9
Projektleitung: Monika Weymann
Lektorat: Dr. Sigrun Künkele
Grundlayout: eStudio Calamar
Gestaltung und Satz: Populärgrafik Stuttgart
Produktion: Markus Schärtlein
Printed in Italy / Imprimé en Italie

Einige Schädlinge

Chinesischer Marienkäfer
Harmonia axyridis
Dies ist einer der höchst unerwünschten Zuwanderer, die in den letzten Jahren aus China zu uns gekommen sind. Er ist nicht nur ein Konkurrent für die einheimischen Marienkäfer, die von ihm verdrängt werden, sondern wird auch in Häusern lästig, wo er in großen Scharen überwintert.

Kartoffelkäfer
Leptinotarsa decemlineata
Dies ist ein weiterer Zuwanderer, der sich seit seiner Einwanderung aus Nordamerika weit verbreitet hat. In Deutschland kam er 1936 an und ist seither stetig nach Osten vorgedrungen. Vor der systematischen Bekämpfung hat er enormen Schaden in der Landwirtschaft angerichtet, da er bei uns nur wenige natürliche Feinde hat. Dutzende von Käfern und ihren Larven auf einer Kartoffelpflanze waren früher keine Seltenheit.

Buchdrucker
Ips typographus
Das Fraßbild des Buchdruckers ist schön symmetrisch und gleicht den Seiten eines Buchs. Er befällt geschädigte Fichten und frisst unter der Borke den saftführenden Bast, sodass die Bäume absterben. Bei Massenauftreten kann er ganze Wälder vernichten.